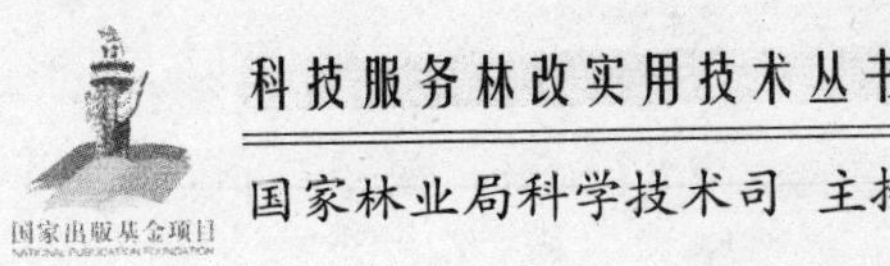

科技服务林改实用技术丛书

国家林业局科学技术司 主持

北方主要树种育苗关键技术

彭祚登 主编

中国林业出版社

图书在版编目(CIP)数据

北方主要树种育苗关键技术 / 彭祚登主编.—北京：中国林业出版社，2011.8

(科技服务林改实用技术丛书)

ISBN 978-7-5038-6304-2

Ⅰ.①北… Ⅱ.①彭… Ⅲ.①树种-育苗 Ⅳ.①S723.1

中国版本图书馆CIP数据核字（2011）第174857号

责任编辑：刘家玲 张 锴

出 版：中国林业出版社（100009 北京西城区德内大街刘海胡同7号）

E-mail：wildlife_cfph@163.com **电话**：（010）83225764

发 行：新华书店北京发行所

印 刷：北京昌平百善印刷厂

版 次：2011年8月第1版

印 次：2011年8月第1次

开 本：850mm×1168mm 1/32

印 张：8

字 数：200千字

印 数：1~5000册

定 价：19.00元

序

我国山区面积占国土面积的69%，山区人口占全国人口的56%，全国76%的贫困人口分布在山区，山区农民脱贫致富已成为建设社会主义新农村的重点和难点。

山区发展，潜力在山，希望在林。全国43亿亩林业用地和4万多个高等物种主要分布在山区。对林地和物种的有效开发利用，既可以获得巨大的生态效益，又可以获得巨大的经济效益。特别是随着经济社会的快速发展和消费结构的变化，林产品以天然绿色的优势备受人们青睐，人们对林产品的需求急剧增长，林产品市场价值不断提升。加快林业发展，发挥山区的优势与潜力，对于促进山区农民脱贫致富，破解“三农”难题，推进新农村建设，建设生态文明，具有十分重大的战略意义。

我国林业蕴藏的巨大潜力之所以长期没有充分发挥出来，重要原因在于经营管理粗放、科技含量低。当前，世界林业发达国家的林业科技贡献率已高达70%～80%，而我国林业科技贡献率仅35.4%。特别是我国林业科技推广工作相对薄弱，大量林业科技成果未被广大林农掌握。加强林业科技推广，把科学技术真正送到广大林农手里，切实运用到具体实践中，已经成为转变林业发展方式、提高林地产出率、增加农民收入的紧迫任务。

实践证明，许多林业科技成果特别是林业实用技术具有易操作、见效快的特点，一旦被林农掌握，就会变成现实生产力，显著提高林产品产量，显著增加林农收入，深受广大林农群众的欢迎。浙江省安吉市的农民在种植竹笋时，通过砻糠覆盖技术，既提早了竹笋上市时间，又提高了竹笋品质，还延长了销售周期，使农民收入大幅增加。我国的油茶过去由于品种老化、经营粗放等原因，每亩产量只有3~5千克，近年来通过推广新品种和新技术，每亩产量提高到30~50千克，效益提高了10倍。据统计，目前我国林业科技成果已有5 000多项，但在较大范围内推广应用的不多。如果将这些林业科技成果推广应用到生产实践中，必将释放出林业的巨大潜力，产生显著的经济效益，为林农群众开拓出更多更好的致富门路。

近年来，国家林业局科学技术司坚持为林农提供高效优质科技服务的宗旨，开展送科技下乡等一系列活动，取得了显著成效。为适应集体林权制度改革的新形势，满足广大林农对林业科技的需求，他们又组织专家编写了“科技服务林改实用技术”丛书，这是一件大好事。这套丛书以实用技术为主，收录了主要用材林、经济林、花卉、竹子、珍贵树种、能源树种的栽培管理以及重大病虫害防治技术。丛书图文并茂、深入浅出、通俗易懂、易于操作，将成为广大林农和基层林业技术人员的得力帮手。

做好林业实用技术推广工作意义重大。希望林业科技部门不断总结经验，紧密围绕林农群众关心的科技问题，继续加强研究和推广工作；希望广大林业科技工作者和科技推广人员，增强全心全意为林农群众服务的责任心和使命感，锐意进取，埋头苦干，不断扩大科技推广成果；希望广大林农群众树立相信科技、依靠科技的意识，努力学科技、用科技，不断提高科技素质，不断增强依靠科技发家致富的本领。我相信，通过各方面共同努力，林业实用技术一定能够发挥独特作用，一定能够为山区经济发展、社会主义新农村建设做出更大贡献。

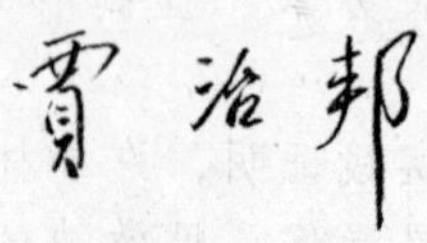

2010 年10月

前言

随着我国社会经济的快速发展，以及人民生活水平的不断提高，全社会对加快林业发展的重要性逐渐有了新的认识，对林业在改善生态环境中发挥的作用给予了更多的期待，因而林业在社会经济发展中的地位和作用越来越突出。林业具有多功能使命，它不仅要满足人们对木材等林产品的多样化需求，更要满足改善生态状况、保障国土生态安全的需要。然而，从整体上看，现阶段我国的森林资源总量仍然严重不足，森林生态系统的整体功能还十分脆弱，与社会需求之间的矛盾也比较尖锐。因此，我国在推进国民经济可持续发展战略中，已经明确要赋予林业以重要地位；在生态环境建设中，也明确应赋予林业以首要地位；在西部大开发和新农村建设中，更是确立了林业的基础地位。

苗圃育苗是林业生产中的基础工作，是植树造林与城镇绿化取得成效的根本保证。林木种苗培育的任务是生产植树造林所用的良种、壮苗。所谓林木良种，是指通过审定的林木种子，在一定的区域内，其产量、适应性、抗性等方面明显优于主栽材料的繁殖材料和种植材料，是指遗传品质和播种品质均优良的树木品种或繁殖材料。壮苗是指形态性状上符合中华人民共和国《主要造林树种苗木质量分级》（GB6000 - 1999）及地方标准（如陕 QB3150 - 85《陕西省主要造林树种苗木质量规格》）的合格标准，生理性状达到优良的苗木。为实现苗圃培育的苗木达到预定的生产目标，必须依据所培育树种的生物学和生态学特性，在充分发挥育苗地水、肥、气、热等自然条件的基础上，采用科学的技术措施，使种子或营养繁殖材料在最短的时间，以最低的成本实现壮苗的目的。

苗圃育苗是在复杂多变的自然条件下实现的。我国地域辽阔，各地自然条件差异很大，苗木培育技术需要充分考虑地区差异，即便是同一个树种，在不同地区育苗也可能需要完全不同的育苗技术和不一样的壮苗标准。因此，在育苗技术上也就有独特的技术特点，主要体现在以下几点：

首先，苗木生产是由一系列连续的栽培工艺组成的系统过程，而育苗技术渗透在整个育苗过程中。每一种苗木类型都具有各自的一套工艺，其中任意一个环节的失误，都会影响到整个苗木生产；一项技术改进或新技术的引进，往往牵动前后生产工序，甚至波及下一年度的育苗生产。例如为了要提高红松新播苗的单产，使育苗密度由500株/米^{2}提高到900株/米^2，则相应地就要增加播种量，要改条播为撒播，要解决第二年苗床苗木过密等问题。为此，在育苗生产过程中，不仅要重视育苗的每个环节、每道工序，而且每个技术的改进，都要考虑对其他工序的影响，充分认识到培育技术的整体性，达到合格苗木产量最高之目的。

其次，在一般育苗技术原理的指导下，每一种苗木的培育技术还有很大的灵活性，欲达到某种育苗效果，可以通过不同的育苗技术途径达到。例如，培育兴安落叶松播种苗，要达到种子催芽的目的，可采用多种方法，若种子调拨晚，来不及进行雪藏，还可以进行水浸混沙催芽、小苏打浸种、石灰水浸种等；同样是培育樟子松苗，在低温多雨年份与高温少雨年份在水肥管理上则应各不相同。又比如都是黄波罗种子，新采种子和陈贮种子，其催芽处理方法是不同的。所以，根据育苗树种的生物学特性和培育地点的生态条件，相应地采取育苗技术措施，是实现苗木优质、高产、低消耗的捷径。

再次，苗圃育苗还具有明显的地域性特征。不同地区采用的育苗方式以及合格苗标准都不一样。如东北低温湿润，为了排水增温，普遍采用高床育苗；而西北干燥少雨，为保蓄土壤水分，广泛采用低床育苗；黑龙江省培育红松播种苗的技术参数与吉林省不同，吉林省又与辽宁存在差异。同一个省份范围内，省颁技术规程或技术细则，其适宜程度也有地域性区别。例如黑龙江省现行育苗规程，其中绝大多数针、阔叶树苗木质量标准，在牡丹江林区通常要比伊春林区容易达到，伊春林区又比大兴安岭林区容易达到。

作为育苗工作者，要充分认识和考虑育苗技术上的特殊性，巧妙地利用当地生态条件，研究和设计出针对不同树种的最佳育苗技术措施，使育苗地在现实条件下发挥出最大的生产效益和经济效益，用最优质的苗木，满足造林更新对苗木的需求。

为响应国家林业局“科技服务林改”的战略部署，应有关部门的约请，我们组织编写了《北方主要树种育苗关键技术》一书。本书是总结多年来北方常见造林树种的育苗技术先进经验和已在实践中检验的实用的育苗科技成果，其目的旨在为生产第一线的育苗工作者提供有益的技术指导。因此，在本书编写过程中，力求用通俗的语言，简练的文字，表达出关键的育苗技术措施。

本书共分两大部分，第一部分略述了我国北方地区的自然环境条件以及树木资源特点，综合论述了北方地区进行树木育苗的基本技术途径和方法。第二部分针对北方地区常见的造林绿化树种，就其优质种质资源、主要良种名录、主要繁殖材料的生产、关键育苗技术和壮苗标准进行了较为详细的阐述。

本书采用分工编写和集中统稿结合的方法完成。本书由彭祚登统稿并完成第一部分，第二部分52个树种，由多人通力合作完成。另外，由于编写时间较短，一些育苗技术是在总结有关资料的基础上形成，并非均来自作者第一手的生产经验或研究成果，在此，向所有相关资料的提供者表示衷心的感谢。在编写过程中，我们还得到中国林业出版社刘家玲编审的鼎力协助，以及北京林业大学翟明普教授的热情关怀，在此对他们的大力支持表示谢意。

需要指出的是，本书编者尽管以认真负责的态度，力求提供有实际指导价值的育苗技术总结的成果，但是由于编者本职工作任务繁重，加上成稿时间仓促，资料收集有限，一些技术措施未必是有效的，一些树种的育苗方法可能还需要生产实践的进一步检验。因此，在本书使用过程中，如发现存在某些缺点和不足，我们诚恳地希望广大读者提出批评意见。

编著者

2011年6月

目　录

第一章　北方主要树种育苗概述

一、北方自然地理概况

我国地域辽阔，北方和南方的界限一直都不是十分确定，这源于划分的标准一直无法取得一致。一般认为我国秦岭—淮河为我国南、北方的地理分界线，该线以北包括黄河流域的广大地区以及东北、西北地区为我国的北方。以这一习惯说法为基础，同时考虑植物的区域特点，将传统概念的华北、东北、西北及青藏高原地区纳入本书所述的范畴（图1），即从行政区域上讲，本书

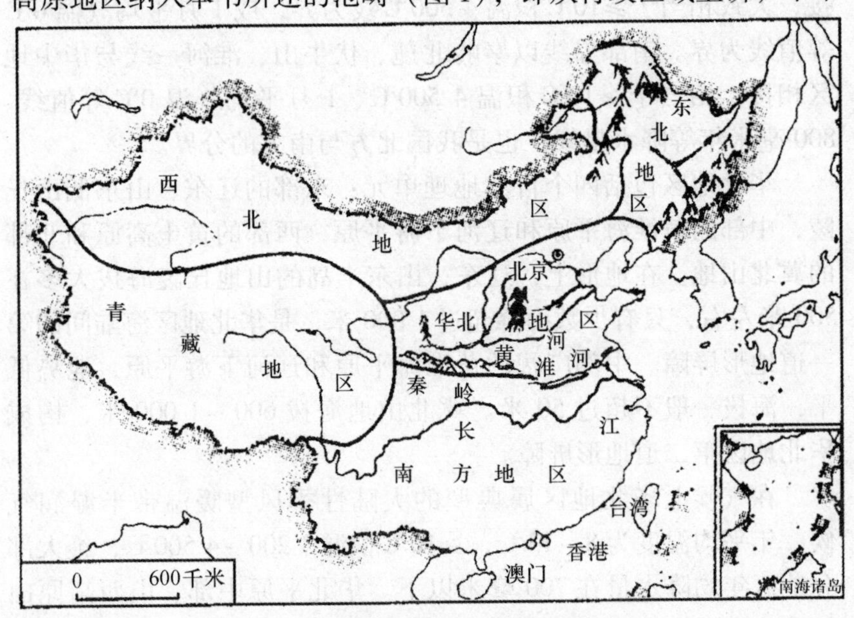

图1　我国南北各地区域的划分示意

所指的北方包括黑龙江、吉林、辽宁、北京、天津、河北、山西、内蒙古、陕西、甘肃、宁夏、新疆、山东、河南、青海以及西藏的部分地区。各分区的自然地理条件概述如下。

（一）华北地区

我国传统意义上的华北地区包括现今北京、天津、山东、山西全部，辽宁、河北、河南、陕西的大部以及江苏、安徽、甘肃、宁夏的一部分。地理坐标位于北纬32°～42°，东经110°～120°。华北地区的东部濒临黄海和渤海，东北部以彰武、康平、昌南，再向南经铁岭、抚顺、宽甸至鸭绿江一线为界。北部分界从东经阜新、围场、沽源到张北、集宁，再沿长城经青铜峡，西至乌鞘岭一线。大致以≥10℃积温3 400℃线为界，或1月平均气温－10℃（西北部为－8℃）等值线为界。西部分界是自乌鞘岭以南，沿祁连山东麓、洮河以西至白龙江一线，与青藏高原相接，大致相当于≥10℃积温4 500℃线为界，或1月平均气温0℃等值线为界。南部界线以秦岭北麓、伏牛山、淮河一线与华中地区相接，相当于≥10℃积温4 500℃、1月平均气温0℃等值线、800毫米年等降水量线，也是我国北方与南方的分界。

华北地区包括四个自然地理单元：东部的辽东、山东低山丘陵，中部的黄淮海平原和辽河下游平原，西部的黄土高原和北部的冀北山地。在地形上，辽东、山东半岛的山地丘陵海拔大多在500米左右，只有少数山峰超过1 000米，是华北地区海陆间的第一道地形屏障。中部广阔的黄淮海平原和辽河下游平原，地势低平，海拔一般不超过50米。冀北山地海拔600～1 000米，构成华北地区第二道地形屏障。

在气候上华北地区属典型的大陆性季风型暖温带半湿润气候。年平均温度为8～13℃，≥10℃积温3 200～4 500℃，绝大部分地区年均降水量在700毫米以下。华北平原中部、山西高原山间盆地和黄土高原西部，年均降水量不到500毫米，属半湿润气候。山西高原中部和黄土高原北部降水更少，属半干旱气候。

华北地区的土壤类型，自东向西为棕壤土、褐土和黑垆土。平原有潮土、沼泽土、草甸土和盐土。

华北地区的基本地带性植被类型为落叶阔叶林。从东到西为湿润、半湿润至半干旱气候。相应的植被，东部为落叶阔叶林，中间为灌木草原，西部为干旱草原。该区天然分布的主要针叶树种有油松、赤松、侧柏、白皮松、华山松、华北落叶松等；主要阔叶树种有落叶栎类、榆、槐、椿、椴、槭、杨、柳、桦、泡桐等；灌木主要有荆条、酸枣、黄栌、胡枝子、紫穗槐、柽柳、锦鸡儿等。

（二）东北地区

我国东北地区一般指黑龙江和吉林全部，辽宁省的北部以及内蒙古东部，不包括辽宁省南部。东北地区北界至黑龙江主航道中心线；东至乌苏里江与黑龙江合流点；西界大致从大兴安岭西侧的根河口开始，沿大兴安岭西麓的丘陵台地边缘，向南延伸至阿尔山附近，然后向东沿洮儿河谷地跨越大兴安岭至乌兰浩特以东，再沿大兴安岭东麓南下，至东西辽河汇口处。南界为本区与华北地区的分界，大致从彰武经康平、昌图折向南，再经铁岭、抚顺、宽甸抵鸭绿江畔。相当于≥10℃积温3 200℃等值线。

东北地区的地形以松嫩平原为中心，西、北、东三面环山，呈马蹄形。

气候上东北地区为全国气温最低的地区，大部地区属温带，≥10℃积温1 400～3 200℃，从南向北递减，在大兴安岭降至1 400℃以下，为寒温带。年均降水量约400～900毫米。

东北地区的土壤主要有棕色针叶林土、暗棕色森林土、白浆土、沼泽土、黑土、黑钙土、盐土及风砂土等。

东北地区的地带性植被有位于大兴安岭北部的寒温带针叶林；东部山地的温带针阔混交林；平原地区的温带半湿润大森林

草原，以及西部的内蒙古温带半干旱草原和草甸草原。该地区天然分布的主要针叶树种有兴安落叶松、樟子松、云杉、红松、红皮云杉、长白落叶松等；阔叶树种主要有蒙古栎、水曲柳、榆树、桦树、紫椴、山杨、胡桃楸、黄波罗等。

（三）西北地区

我国西北地区大致包括内蒙古中西部，新疆大部，宁夏北部，甘肃中西部，以及和这些地方接壤的山西、陕西、河北、辽宁、吉林等地的少量边缘地带。本区大体位于大兴安岭以西；南面起自西昆仑山、阿尔金山、祁连山等青藏高原边缘山地的北麓，北面和西面以我国的国界为界线。

在地形上，西北地区由塔里木盆地和准噶尔盆地及其周围的山地（天山和阿尔泰山等）和内蒙古高原西部的阿拉善高原及边缘山地（贺兰山和北山）组成。地形以高原、盆地和山地为主。

西北地区年降水量从东部的400毫米左右，往西减少到200毫米，最低可达50毫米以下。干旱是本区的主要自然特征。

西北地区的土壤有荒漠土、粗骨土、旱成土、栗钙土、盐土、潜育土、冲积土和有机土。山地土壤有栗钙土、黑钙土、灰色土，灰化淋溶土、粗骨土或石质土等。

本区植被以旱生灌木、半灌木和小灌木为主，但是在戈壁和沙漠地区，方圆数十至数百公里寸草不生。天然分布的主要针叶树种有西伯利亚落叶松、西伯利亚冷杉、天山云杉；阔叶树有胡杨、新疆杨、沙枣、沙棘、柠条、沙柳、柽柳、沙拐枣等。

（四）青藏高原地区

中国境内的青藏高原包括西藏全部，新疆南部，青海的中部和西部，甘肃、四川的西部，云南的西北部。本区的面积占全国的23%，位于北纬25°~40°和东经74°~104°之间。高原边界，东为横断山脉，南、西为喜马拉雅山脉，北为昆仑山脉和祁连山。高原内还有唐古拉山、冈底斯山、念青唐古拉山等。

高原周围大山环绕，这些山脉海拔大多超过 6 000 米，喜马拉雅山脉不少山峰超过 8 000 米。高原内部被山脉分隔成许多盆地、宽谷。本区内湖泊众多，是亚洲许多大河的发源地。

由于地势高，青藏高原大部分地区热量不足，高于 4 500 米的地方最热月平均温度不足 10℃，无绝对无霜期。受其高度影响，青藏高原的空气比较干燥、稀薄，太阳辐射比较强，气温比较低。由于其地形的复杂和多变，青藏高原上的气候本身也随地区的不同而变化很大。总的来说高原上降水比较少。

青藏高原的典型土壤有：高山草甸土、亚高山草甸土、高山草原土、山地草甸土、亚高山草原土、草甸土。

青藏高原上的植物区系分属于泛北极区的青藏高原植物亚区和中国—喜马拉雅森林植物亚区，垂直分带明显，类型繁多，是世界高山植物区系极丰富的区域，又是第四纪冰川期中动植物的天然避难所，保存了许多第三纪以前的孑遗种类，成为不少现代种类的分布中心。从构成自然景观外貌的植被来说，高原上广泛分布着高寒灌丛草甸、高寒草原、高寒荒漠以及高寒座垫植被等类型。天然分布树种主要以云、冷杉为主。

二、北方树木资源特点

我国北方区域内的森林自然分布，包括寒温带针叶林带、温带针叶落叶阔叶混交林带、暖温带落叶阔叶林带、落叶阔叶混交林带；甘肃南部、四川西部、云南北部、西藏东南峡谷高山针叶林区和西北山地针叶林区。各分布带树种差异很大，资源量也差异显著。

（一）寒温带针叶林带

主要分布于大兴安岭北部山地。本区气候严寒，林木生长期短，树种和林相均比较简单。区内森林以兴安落叶松林为主，数量大，分布广，约占本区森林面积的 50% 和蓄积量的 70% 以上。其次是樟子松和红皮云杉，阔叶树种有白桦、黑桦、蒙古栎、山杨和朝鲜柳等。

（二）温带针叶落叶阔叶混交林带

主要分布在东北东部山地。该地受海洋性气候的影响，夏季气温较高，雨量集中，有利于树木生长发育。针叶树种主要有松属、云杉属、冷杉属和落叶松属的树种；常见的阔叶树有栎、桦、杨、柳类和材质优良的水曲柳、黄波罗、胡桃楸等。小兴安岭和长白山素有“红松之乡”的美称，红松系古老而珍贵的树种，以高大通直、易加工、耐腐蚀、光泽好而享有盛誉，也是该地区主要的造林树种。

（三）暖温带落叶阔叶林带

分布区为东起辽东和山东半岛，西至黄土高原，南到秦岭、淮河以北，北至华北地区。这一地带森林稀少，零星分布于交通不便的山区，其他地方多为次生林。在平原农区有一定数量的农田防护林和“四旁”树。主要树种为栎类、油松、侧柏，人工栽培树种有椿、槐、榆、杨和柳等。

（四）青藏高原高山针叶林区

主要分布于喜马拉雅山脉、横断山脉和念青唐古拉山脉的高山峡谷地带。本区河谷深切，山高、坡陡，相对高差可达 2 000 余米。受西南和东南季风的影响，降水量多、全年气温低，蒸发量小，云雾多，湿度大，适于耐荫常绿针叶树生长，形成了以冷杉属和云杉属为优势的暗针叶林。亚高山暗针叶林集中连片，蓄积量大，每公顷的林木蓄积量超过 1 000 立方米者屡见不鲜。森林中针叶林占 80% 以上，阔叶林不足 20%。本区中冷杉林最多，占 40% 以上，其次是云南松林，占 20% 以上，云杉林占 10% 以上。其他树种有各种松树、铁杉、红豆杉、粗榧、栲、樟、栎、桦、椴、槭、白蜡、榉、杨、柳等。该区植物垂直分布一般可划分为 6 ~7 个垂直分布带，从下至上有：河谷低山亚热带常绿阔叶林、常绿阔叶与落叶阔叶林、山地暖温带针阔混交林、山地寒带暗针叶林、亚高山寒带灌丛草甸、高山寒带疏草和极高山冰封带。

（五）蒙新山地针叶林区

本区地处我国西北，东起大兴安岭山地西麓，南至昆仑山和阿尼玛山，西北以国境线为界。区内森林主要分布在阿尔泰山、天山、祁连山、贺兰山和阴山等地。主要树种有新疆落叶松、新疆云杉、新疆冷杉、天山云杉、青海云杉、藏桧、刺槐、侧柏、杜松、山杨、桦、栎、椴、榆，还有胡杨、梭梭、沙棘、柽柳、柠条等。本区属典型的大陆性气候，干燥少雨、日照多、寒暑变化剧烈、气候条件恶劣，因而森林多分布于气温变化较缓、湿度较大的阴坡。

三、北方树木育苗关键技术

我国北方地区在选地建苗圃时，大多优先考虑选择当地地势平坦、土壤肥沃、水源充足、交通方便的地方。因此，育苗时生产技术的选择与应用一般立足于培育树种的生理生态习性，结合当地气候条件，重视以下各方面的育苗技术问题。

（一）育苗地土壤管理

北方地区气温相对较低，降水量较少，土壤质地普遍疏松，肥力多数相对较低，在育苗前或育苗过程中，通过改善土壤水、肥、气、热等状况，促进种子发芽，插穗生根和苗木生长，是苗圃育苗的重要措施之一。具体内容包括对土壤进行一系列耕作管理、通过化学措施补充土壤养分不足和灭菌杀虫、用各种休闲轮作育苗措施以维持土壤养分供应潜力等等。

1. 苗圃土壤耕作

土壤耕作是苗圃培育壮苗的关键措施之一。通过对育苗地土壤采取一系列恰当的耕作措施，可显著增强土壤的通气和透水性，提高土壤蓄水保墒的能力，促进土壤矿质养分的释放和有机质的分解。同时通过翻耕还可以深埋杂草草根、草籽及植物残茬，在一定程度上杀虫灭菌，对改善土壤安全环境具有显著的作用。

苗圃土壤耕作的方式方法主要有以下几种：

（1）土地平整　新建苗圃地和苗圃培育的大苗起出后，育苗地常常有高低不平坑洼，不便于耕作和育苗，一般在耕地前应先通过客土或移高填低的方式对土地进行平整。

（2）浅耕灭茬　新建苗圃有许多杂灌草植物；正在运行的苗圃秋季起苗后，圃地往往留下部分残根。一些经过轮作的苗圃地，在种过农作物或绿肥作物后，也会留下种植植物的残体。对这些情况下的苗圃地，在进行耕地作业前均应进行浅耕灭茬作业。浅耕灭茬应在苗圃完成当年生产作业后马上进行。浅耕一般耕深4～7厘米。在生荒地、撂荒地或采伐迹地上新开垦苗圃时，一般耕深10～15厘米（图2，图3）。

图2　新建苗圃土地平整作业

图3　苗圃耙地作业

（3）深耕地　深耕地是苗圃土壤改良的主要方式。耕地深度因育苗地环境条件和所培育树种及其苗木类型而定。一般培育1～2年生的播种苗，耕地深度为25厘米左右，培育营养繁殖苗和移植苗，耕地深度为30～35厘米。在北方干旱地区，为了蓄水保墒和抑制返盐，应适当耕深些，砂土地为防风蚀，防止水分蒸发应适当耕浅些。

深耕地的季节和时间，决定于当地气候和土壤质地、湿度状况，并考虑苗木出圃时间。在北方干旱地区和盐碱化较重的地区，秋季起苗后立即进行深耕效果最好。春季苗木出圃后应以早耕为好，雨季苗木出圃后要适时耕地。砂地宜早春耕地。具体耕地时间应在土壤不湿也不粘时，即土壤含水量为其饱和含水量的60%～80%时最合适。

（4）耙地　为破碎土壤深耕后留下的垡片和灌溉及越冬后土壤表层形成的结皮，还应在土壤表层进行耙地作业。在北方干旱或无积雪的地区，耙地要随耕随耙。但对于冬季有积雪的地区，如果秋季进行深耕地，一般不在耕地后立即耙地，而待翌年春天再进行。

（5）中耕　在苗木生长期间，为疏松土壤，消灭杂草，减少水分的蒸发，以及配合土壤追肥，需要进行疏松育苗地土壤的中耕作业。中耕深度一般以不伤苗根为宜。可根据苗木生长期间杂草生长的状况，同时结合灌水、降雨等随时进行中耕。

2. 净育苗作业面土壤的整治

为提高苗木生长的局域土壤条件，便于育苗生产管理，在北方地区对各种树种的育苗都要根据当地气候和苗圃地的土地现状，选择适当的育苗作业方式进行育苗。

苗圃育苗作业方式可以分为苗床式和大田式两大类。在我国北方，苗圃苗床式育苗常用的有高床、低床和高低床育苗等方法；大田式育苗常用的有垄和平地育苗2种方法。

（1）高床　指育苗地面高出步道的苗床。规格一般为育苗面宽80～100厘米，高15～20厘米，步道上口宽30～50厘米（图4）。苗床长根据苗圃的地势和机械化水平而定，一般为10～20米。土地平坦，机械化作业，有喷灌条件，苗床宜长些（图5）。苗床越长，土地利用率越高。高床的肥土层深厚，排水良好，适于侧方灌溉，育苗地不容易板结；高床还能提高地温，有利于苗木的提早生长。对于北方气候寒冷地区和容易积水的育苗地，采用高床育苗较为适宜，特别是那些在幼苗阶段

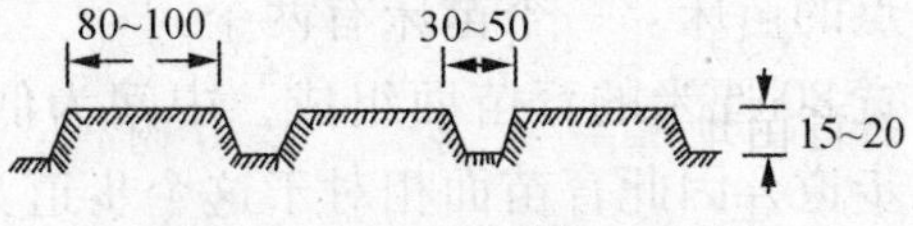

图4　高床示意（单位：厘米）

对水分十分敏感、喜通气和排水良好条件树种的育苗。

图5　苗圃机械做高床

（2）低床　是指育苗面低于步道的苗床。规格一般为育苗面宽100厘米，高15～20厘米，步道上口宽30～50厘米。一般床长为10～20米（图6）。低床的最大特点是保墒效果好，在干旱少雨的地区以及风沙较大的地区育苗较为适宜。对于要求土壤水分较高，而又不适宜在出苗期间勤灌水的树种，采用低床育苗较为理想。但是低床育苗也存在床面易积水，土壤容易板结，起苗比较困难等问题（图7）。

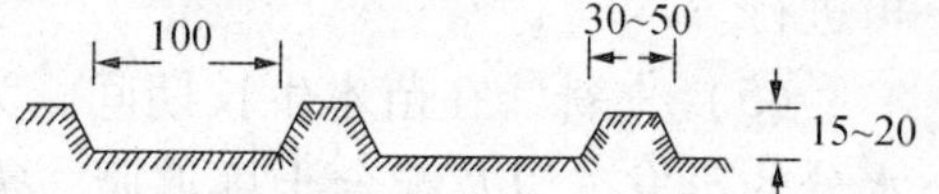

图6　低床示意（单位：厘米）

图7　苗圃人工做低床

（3）高低床　这是一种综合了高床和低床各自特点的苗床。一个苗床有两个宽80厘米的育苗面组成，中间为低于育苗面，30～50厘米宽的步道，因此育苗面相对于这个步道为高床。在两个育苗面的外侧为高于育苗面，宽30～50厘米的步道，因此相对于两外侧的步道育苗面为低床。这种苗床具备了高床和低床各自的优点，对于气温较低、风沙危害较大的地区较为适宜，因此这种苗床在我国青海、甘肃、新疆等地广泛采用（图8）。

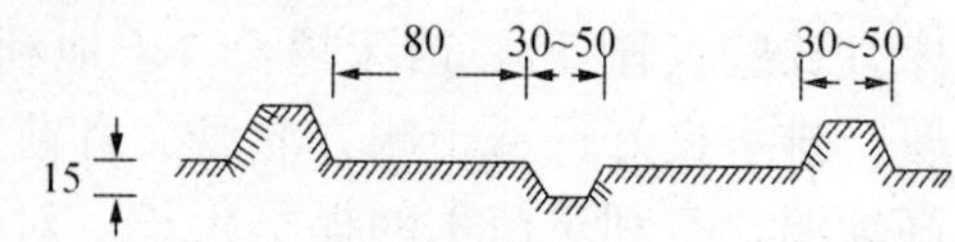

图8　高低床示意（单位：厘米）

(4) 高垄　高垄类似于高床，具备高床的全部优点，只是高垄育苗面较窄，一般只有20～40 厘米。垄间距 80 厘米，高垄肥土层深厚，苗行间距大。特别有利于苗木根系生长，适于培育苗木生长速度快，苗期需要通气和排水良好的树种（图9）。

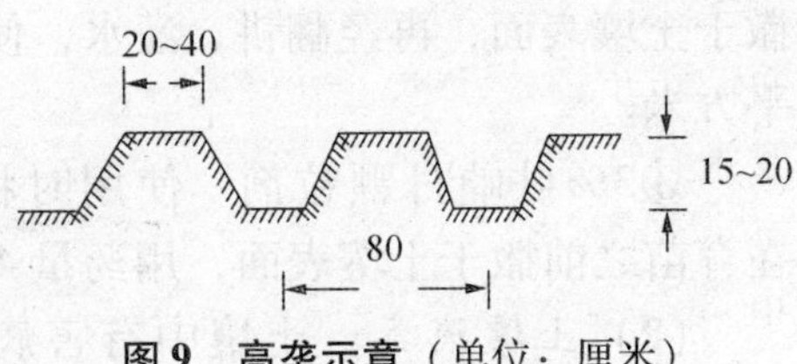

图9　高垄示意（单位：厘米）

(5) 低垄　又称垄沟，具有低床的特点，有利于抗旱保墒、防风沙，适于北方干旱、风大、水源不足的地区。苗圃低垄多用于移植育苗。

(6) 平作　即平地育苗。育苗前只需将育苗地土块打碎平整即可。平作便于机械化生产，且灌溉只能采用喷灌方式。平作适于多行带状移植育苗，土地利用率高。一般 1～6 行组成一带，行间距离、带间距离以机具通过时不伤害苗木为原则（图10）。

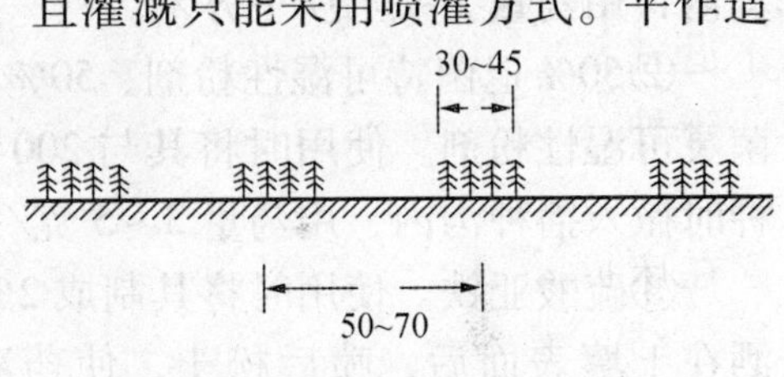

图10　平作示意（单位：厘米）

不管采用何种育苗作业方式，为了使土地平坦，便于做床、做垄，在进行繁殖材料入土前的土壤处理前都必须进行整个耕作地区的平整，在做床和做垅前后要进行作业小区的区划，然后做床和做垄。在这个过程中，要碎化大的土块，尽可能使圃地平展，同时随时捡出留存在地里的石块、草根和残茬。

3. 土壤杀虫、消毒和接种

(1) 土壤杀虫　土壤中经常有一些害虫或虫卵，在播种后或幼苗出土后给苗木带来危害，因此需要采取措施杀灭。常用的方法是采用化学药剂直接喷洒在土壤里，目前用得比较多的有如下几种。

①5%西维因粉剂。使用时将其与沙土混拌制成药土后，在

播种之前，撒在土壤表面，用药量5克/平方米。

②50%辛硫磷乳剂。使用方法是育苗前将其加水稀释后均匀撒于土壤表面，再经翻耕、灌水，使药液渗入土中，用药量2克/平方米。

③3%呋喃丹颗粒剂。使用时将其与沙土混拌制成药土后，在育苗之前撒于土壤表面，用药量4克/平方米。

（2）土壤消毒　土壤中有害病菌分布很广，对苗木危害严重，一般可通过化学药剂进行土壤消毒灭菌。常用的药剂有如下几种。

①五氯硝基苯混合剂。以75%的五氯硝基苯+25%的其他药剂（如代森锌、敌克松等）混合均匀制成药土，播种时撒入播种沟内，用药量3~5克/平方米。

②50%退菌特可湿性粉剂、50%百菌清可湿性粉剂或50%多菌灵可湿性粉剂。使用时将其与200倍细沙土混匀制成药土，播种时撒入播种沟内，用药量3~5克/平方米。

③硫酸亚铁。使用时将其制成2%~3%的水溶液，育苗前喷洒在土壤表面后，喷后松土，使药液与土壤混合均匀。用药量4.5千克/平方米。

（3）菌根接种　根部有菌根共生的树种，如松类、栎类，接种菌根菌，可以促进根部对土壤水分和养分的吸收。常见的接种方法是：在土壤消毒灭菌后，从带有菌根的圃地或松林内，取潮湿的土壤，铺撒在欲接种的圃地表面，厚度以1~2厘米为宜，并随即翻入土中。也可直接施用菌肥接种。

4. 土壤施肥

在林业苗圃所培育的树苗要从土壤中吸收大量的营养元素，并且苗木出圃时不仅要将整个植物体移出苗圃，而且有时还将大量的肥土层土壤随苗木带走。因此育苗地土壤在育苗过程中会有严重的肥力衰退问题。为了及时高效地弥补土壤营养元素的损耗，改善土壤的理化性质，给苗木生长创造有利的环境条件，对苗圃育苗地土壤进行肥料的补充是经常采取的措施。

(1) 北方苗圃常用肥料的种类与施肥原则

①苗圃常用肥料种类与特性

氮肥

• 硫酸铵［$(NH_4)_2SO_4$］。含氮量20%～21%，白色晶体，在空气中不易吸湿结块，贮运使用方便。硫酸铵作基肥、种肥和追肥均可，但在湿润地区最好作追肥。不宜大量连续和单一施用，而应与其他氮肥品种搭配施用。

• 氯化铵（NH_4Cl）。含氮量24%～26%，白色晶体，不吸湿。由于氯化铵中含氯离子，对种子发芽和幼苗生长有不利影响，故不宜作种肥。

• 碳酸氢铵（NH_4HCO_3）。含氮量17%。白色结晶，容易自行分解，造成氮素的损失，在贮藏、运输时要防潮、防热、防止包装破损，且不能与种子同库贮藏；不要作种肥，以免挥发的氨气熏伤种子而失去萌发力；作基肥、追肥都要深施（6～10厘米），并立即盖土。

• 硝酸铵（NH_4NO_3）。含氮量33%～35%，白色结晶，易溶于水，吸湿性强，吸水后干燥就结成硬块。硝酸铵有助燃性，高温下易爆炸，贮运时不能与易燃物品放在一起。已吸湿结块的可用木棍轻轻击碎，不可用铁锤猛击，以免发生意外爆炸。最好不做基肥和种肥。硝酸铵中的铵态氮容易挥发损失，作追肥要深施覆土。在砂质土壤中作追肥时要少量多次。

• 尿素［$CO(NH_2)_2$］。含氮量44%～46%，是一种高浓度的固体氮肥，易溶于水，尿素施入土壤后，要经微生物转化成碳酸氢铵后，才能被植物吸收利用。其转化速度与温度、土壤水分多少有关。一般春、秋季需一周左右，夏季2～3天。为防止氮的损失，尿素要深施覆土。在苗圃中施用尿素，尤其对针叶树种的幼苗要慎重，尿素一般不宜作种肥，可作基肥和追肥施用。作根外追肥宜配成0.1%～0.3%的溶液进行喷雾。

磷肥

● 过磷酸钙。有效磷（P_2O_5）含量12%～18%，灰白色粉末，酸性反应，能腐蚀包装，易吸湿，吸湿后会降低其有效性。过磷酸钙宜作基肥和种肥。苗木生长后期，采用根外追肥，即将过磷酸钙配成约1%的溶液浸泡一昼夜，滤去沉淀后喷施，效果较好。

● 钙镁磷肥。含有效磷14%～25%，灰绿色或灰褐色粉末，不吸湿结块，不腐蚀包装材料，长期贮存不易变质。钙镁磷肥除供应磷素外，还能补充土壤中钙、镁等元素。施在酸性土壤上肥效超过过磷酸钙，施在石灰性土壤上肥效和肥料粒度有关，粒度越细，肥效越高。因不溶于水，施于砂土不易淋失，效果好。可作基肥、种肥和追肥，但以基肥深施效果最好。宜集中施用，追肥要早施。

● 磷矿粉。成分中含磷酸三钙［$Ca_3(PO_4)_2$］，是难溶性的迟效肥料，只有施用在酸性土壤中才能产生肥效。有些植物对酸溶性磷肥有较强的吸收能力。如豆科植物，在苗圃可以增强根瘤菌的固氮能力，对促进刺槐的生长发育有明显的作用。主要作基肥，可与有机肥共同堆沤，或与生理酸性肥料混合施用。

钾肥

● 硫酸钾（K_2SO_4）。含氧化钾50%，白色结晶，易溶于水，为速效钾，不吸湿。硫酸钾在酸性土壤上长期施用，会增强土壤酸度，应适当配合碱性肥料。可作基肥、追肥，作基肥时要适当深施，作追肥在保水肥力差的砂土上，应分期施。

● 氯化钾（KCl）。含氧化钾50%～60%，白色结晶，易吸湿，久贮会结块。氯化钾的施用方法与硫酸钾类似，因含氯离子，忌氯植物及盐土不宜。

● 草木灰。除含钾外，还含有磷、钙、镁、硫及其他微量元素，其中尤以钙、钾、磷为多。钾的形态以碳酸钾为主，属碱性肥料。不能与铵态氮肥混存混施。适用于除盐碱土以外的各种土壤，尤其是酸性土壤。可作基肥、追肥和种肥。对豆科植物有高的肥效。施肥时，应混拌少量湿土或加少量水使灰湿润。育苗时撒在苗圃苗床上，有增温、疏松表土和抑制病虫害的作用。

复合肥料

含氮、磷、钾等主要营养元素中的2种或2种以上的肥料称复合肥料，其中含2种主要营养元素的称二元复合肥料，含3种的称三元复合肥料。复合肥料能同时供应几种养分，配比多样，便于选择，贮运和施肥也很方便。

● 磷酸铵［$(NH_4)_3PO_4$］。含N 10%～18%，P_2O_5 44%～52%，为白色结晶状物质，易溶于水，是一种氮少磷多的高浓度速效复合肥料。作基肥、种肥均可。但作种肥时。要避免同种子直接接触；作基肥时，施肥点不能离幼根幼芽太近，以免烧苗。作追肥要早施。在缺磷的土壤上施用效果明显，但不能和草木灰、石灰等碱性肥料掺混，以免引起氨的挥发和降低磷的有效性。

● 硝酸钾（KNO_3）。是一种以钾为主的氮钾二元复合肥料。白色或微黄细晶颗粒，吸湿性小，不易结块，易溶于水。适宜作追肥施用。可单独施用，也可与硫酸铵等混合或配合施用。

微量元素肥料

以含有硼、锰、铜、锌、钼、铁等微量元素的物质作肥料称为微量元素肥料。土壤中微量元素的含量，一般足够植物长期利用。微量元素供应不足，大多是因土壤条件的影响而使有效量缺乏。

● 硼砂（$Na_2B_4O_7 \cdot 10H_2O$）和硼酸（H_3BO_3）。二者均为白色细结晶，硼砂含硼11%，硼酸含硼17%，均溶于水。硼砂和硼酸可作基肥、种肥和根外追肥。每亩用0.12～0.2千克作基肥，肥效持续3～5年。作种肥用0.05%溶液浸种6～12小时。根外喷施的浓度，一般为每升水0.25～1.0克硼酸或0.5～2.0克硼砂，每亩[①]喷液量约50~75千克。由于硼在植物体内运转能力差，用于叶面喷雾时，至少要喷2~3次。

● 硫酸亚铁（$FeSO_4 \cdot 7H_2O$）。纯品为绿色结晶，含铁19%，易溶于水。在空气中能被氧化成黄色或铁锈色。为避免土壤固定，施用硫酸亚铁宜喷施，一般叶面喷雾浓度为0.05%~1%。

● 硫酸锌。易溶于水。锌肥可用作基肥、种肥和追肥。作基肥，每亩0.75千克，与生理酸性肥料混合，深施在根系附近。作种肥每斤种子用1~3克拌种。作根外追肥用0.5%~5%溶液喷施。

● 硫酸铜。蓝色结晶，易溶于水。有毒，可作农药。硫酸铜作基肥，一般用量每亩1~2千克，每隔3~5年施用1次。作种肥，每0.5千克种子用1~2克拌种或用浓度为0.01%~0.5%的溶液浸种。叶面喷施常用浓度为0.02%~0.04%。

● 硫酸锰。淡粉红色结晶，易溶于水。作基肥、种肥、追肥皆宜。基肥每亩用2~2.5千克，与生理酸性肥料混合后条施或穴施，有利于提高肥效。作种肥可用0.05%~0.1%溶液浸种12~24小时。根外施肥浓度为0.05%~0.1%喷施以苗期使用效果较好。

● 钼酸铵、钼酸钠。白色或淡黄色结晶体，易溶于水。钼酸铵等水溶性钼肥通常用作种子处理和根外施肥。浸种浓度同锰肥。拌种用量一般每千克种子2~6克。喷施浓度钼酸铵一般用0.01%~0.1%，每亩每次喷液50千克左右。磷肥能明显促进植物对钼的吸收，可同时施用。

②苗圃施肥的基本原则

看苗施肥

苗圃施肥应首先根据苗木营养元素的缺失症状，有选择性地施用肥料。当土壤中某些营养元素供应不足时，苗木代谢就会受

---

① 1亩=1/15公顷，下同。

到影响，外部形态随即表现出一定症状（表1）。仔细观察苗木外部形态异常症状的特征，分析判断是否属于缺素症和缺乏哪种营养元素，然后有针对性地施含有缺失元素的肥料。

表1 苗圃主要矿质元素缺乏时苗木症状表现

元素	主要功能	缺失后的症状	土壤中缺失条件
氮	是构成蛋白质和叶绿素的重要元素	苗木叶色黄绿，茎干矮小、纤弱，下部老叶枯黄、脱落，枝梢生长停滞	苗木大量消耗后出现供应不足
磷	是构成细胞核的重要元素，对细胞分裂和分生组织形成起重要作用	苗木叶色呈现紫色和古铜色，且先从下部老叶的叶尖开始。苗木瘦小，顶芽发育不良，侧芽退化，根少而细长	苗木大量消耗后出现供应不足
钾	可提高细胞液浓度，增强苗木抗寒能力	叶色暗绿或深绿，生长缓慢、茎干矮小，木质化程度低	苗木大量消耗后出现供应不足
钙	是细胞壁形成、细胞分裂过程的影响元素	新根粗短、弯曲，尖端不久死亡，叶片较小，呈淡绿色，严重时嫩梢和幼芽枯死	土壤酸度过大、含钾过多时容易引起钙的缺乏
铁	是合成叶绿素的重要成分	苗梢呈现黄色、淡黄色、乳白色，逐渐向下发展，苗株黄化。严重时叶脉变为黄绿色，边缘出现棕褐色枯斑，直至枯死	在含钙过多的碱性土和锰、锌过多的酸性土，以及地温较低、土壤湿度过大的情况下，铁的利用率低，容易引起缺铁症
硼	调节水分吸收和养分平衡，参与碳水化合物的转化与运输，促进分生组织生长	一般发生“枯梢”现象，叶片小、侧芽发育不良	当土壤钙的含量过高，有机质含量较低，以及过于干旱情况下，容易引起硼的缺乏
锰	促进多种酶的活化，在苗木代谢过程中起多种作用	最初苗梢叶脉间呈淡黄绿色，并从叶缘向中脉发展，严重时叶片全部变为黄色，并由新梢向下黄化，逐渐扩展到全株	当土壤偏碱、湿度过大，容易发生缺锰症。锰、铁在一定比例情况下，才能被苗木吸收利用，所以往往锰、铁同时缺乏

氮是构成蛋白质和叶绿素的重要元素。土壤中缺氮可导致苗木叶色黄绿，茎干矮小、纤弱，下部老叶枯黄、脱落，枝梢生长停滞。苗木大量消耗土壤中的氮素后常出现氮供应不足。磷是构成细胞核的重要元素，对细胞分裂和分生组织形成起重要作用。缺磷苗木叶色呈现紫色和古铜色，症状先从下部老叶的叶尖开始。发病苗木瘦小，顶芽发育不良，侧芽退化，根少而细长。苗木大量消耗后出现供应不足。钾可提高细胞液浓度，增强苗木抗寒能力。缺钾的植株叶色暗绿或深绿，生长缓慢、茎干矮小，木质化程度低。苗木大量消耗后会出现供应不足。钙是影响细胞壁形成及细胞分裂过程的元素。缺钙的苗木新根粗短、弯曲，尖端不久后死亡，叶片较小，呈淡绿色，严重时嫩梢和幼芽枯死。土壤酸度过大、含钾过多时容易引起钙的缺乏。铁是合成叶绿素的重要成分。缺铁的苗木苗梢呈现黄色、淡黄色、乳白色，并逐渐向下发展，最终苗株黄化。严重时叶脉变为黄绿色，边缘出现棕褐色枯斑，直至枯死。在含钙过多的碱性土和锰、锌过多的酸性土，以及地温较低、土壤湿度过大的情况下，铁的利用率低，容易引起缺铁症。硼能够调节水分吸收和养分平衡，参与碳水化合物的转化与运输，促进分生组织生长。缺硼时一般发生“枯梢”现象，并可导致叶片小、侧芽发育不良。当土壤中钙的含量过高，有机质含量较低，以及过于干旱情况下，容易引起硼的缺乏。锰可以促进多种酶的活化，在苗木代谢过程中起多种作用。锰缺乏时，最初苗梢叶脉间呈淡黄绿色，并从叶缘向中脉发展，严重时叶片全部变为黄色，并由新梢向下黄化，逐渐扩展到全株。当土壤偏碱、湿度过大，容易发生缺锰症。锰、铁在一定比例情况下，才能被苗木吸收利用，所以往往出现锰、铁同时缺乏的情况。

根据肥料特性选用肥料

为提高苗圃施肥的成效，要合理地使用肥料，为此必须了解肥料本身的特性及其在不同土壤条件下对苗木的效应。例如氮肥应当集中使用，因为少量氮肥在土壤中往往没有显著增产效果，磷、钾的使用，除特殊情况下，必须是在不缺氮素的土壤中施用才会有效果。有机肥和磷肥等有后效，在施用时要考虑前1~2年苗圃施肥的种类。

多种肥料混合施用，可以充分发挥肥效，如过磷酸钙与有机肥混合沤制后施用，不易被土壤固定，可提高磷效25%~40%，且能减少氮的淋失。试验证明，我国北方一般树种，氮、磷、钾混施配比为3~4:1.0~1.5:1效果较好。混合施肥要考虑肥料的性质，否则不会收到良好效果。

科学地确定施肥量

肥料的用量并非越多越好，在一定的生产技术措施配合下，应有一定的用量范围。过量地施用化学肥料，不仅浪费，而且还会因为土壤中浓度过大而导致苗木灼伤或死亡。施肥量应根据苗木对养分的吸收量，土壤的养分含量和肥料的利用率等因素确定。根据实际生产经验，我国北方基肥通常施用量为：厩肥（或堆肥）5万~8万千克/公顷，人粪尿3 000~4 000千克/公顷，过磷酸钙500~800千克/公顷；种肥施用量一般为75千克/公顷左右。追肥施用量，一般土壤施肥为每次人粪尿375~525千克/公顷，硫酸铵75~110千克/公顷，尿素60~75千克/公顷，硝酸铵、氯化铵、氯化钾等为75千克/公顷左右。根外追肥一般每次施尿素15~20千克/公顷，施磷酸二铵、磷酸二氢钾20~30千克/公顷。

（2）苗圃施肥时期和方法

林业苗圃施肥根据播种或扦插、移植前后时间分为3个时期。

①育苗前施肥。为改良土壤、提高地力，供应苗木整个生育周期的营养，可在苗圃播种或扦插、移植作业之前的土地空闲期，结合土壤耕地或耙地进行施肥，所施用的肥料称为基肥。用于基肥的肥料主要是有机肥料，如厩肥、堆肥、绿肥、饼肥、人粪尿等。如果施用化学肥料，应选择不易被淋洗和挥发的肥料，如硫酸铵、过磷酸钙、氯化钾等。

基肥通常将肥料均匀地撒在育苗地土壤表面上，经过翻耕埋入耕作层中。腐熟的人粪尿、饼肥、颗粒肥料，一般多在做床打垄时施在土壤上层。有机肥必须充分腐熟后施用，以免灼伤幼苗，造成杂草和病虫害蔓延。

②育苗作业时施肥。为了能比较集中地给苗木初期生长提供所需的营养元素，应在苗圃实施播种、扦插或移植的同时进行施肥，所用的肥料称为种肥。用于种肥的肥料主要有过磷酸钙、磷酸二铵、磷酸二氢钾等。施种肥可将肥料制成颗粒状或制成种子丸施入，施微量元素可配制成0.3%~0.5%的溶液浸渍种子，但催过芽的种子不能混拌和浸渍，而应先施入播种沟中。

③苗木生长期施肥。为补充基肥和种肥施用量的不足，可在苗木生长期间进行施肥，所施用的肥料称为追肥。用作追肥的多为速效性肥料。

苗木生长期施追肥，应根据树种和苗木的生长发育阶段决定。对于1年生播种苗，幼苗期对氮、磷敏感，需根外喷洒1~2次氮、磷肥（如磷酸二铵等），以促进根系生长，增强苗木抗逆性能。速生期，苗木代谢旺盛，对氮、磷、钾要求都很高，需追施2~3次以氮肥为主的复合肥料，每隔7~10天追施1次。苗木生长后期，为促进径向生长、根系发育、冬芽形成和苗木木质化，应根外喷洒1~2次磷、钾肥（如磷酸二氢钾等）。2年生留床苗，根系发育较早，应在春季苗木开始生长前追施一次以氮肥为主的复合肥料。

在土壤中施追肥有以下方法。

- 沟施。在苗行间开沟，深度6~10厘米，施入固体颗粒肥料后随即覆土灌溉。采用沟施法追肥，肥料的利用率最高。
- 浇施。将肥料稀释后全面喷洒于苗床上，喷洒后用清水冲洗苗株，或配合灌溉浇灌于苗床中。
- 撒施。将肥料均匀地撒在床面上，随即灌水。采用撒施法施追肥，肥料的利用率比较低，且容易伤苗。

施追肥也可不通过土壤，而将肥料配制成溶液喷洒在苗木的茎叶上的方法，即根外追肥。根外追肥可以避免土壤对营养元素的固定和降水灌溉的淋失，肥料用量小，见效快。根外追肥施用浓度：尿素0.2%～0.5%，过磷酸钙0.5%～2.0%，硫酸钾、磷酸二氢钾0.3%～1.0%，其他微量元素0.2%～0.5%。小苗使用浓度要低些。喷洒时间以早、晚或阴天空气湿度大时为宜。喷后两天内如遇到降雨，肥料会失效需补施。根外追肥不宜采用迟效肥料，浓度稍高也容易灼伤苗木，只能作为土壤追肥的辅助措施。

（二）苗圃常规育苗技术

1. 播种育苗

播种育苗是利用树木种子或果实培育苗木的方法。用这种方法培育的苗木称为播种苗或实生苗。播种育苗适用于绝大多数树种。

(1) 播种前种子预处理

①种子消毒。为了消灭附着在种子上的病菌，催芽前或播种前要进行种子消毒。常用的消毒药剂和方法如下。

福尔马林溶液消毒　在播种前1～2天，取浓度为40%的福尔马林原液1份，加水266份，稀释成0.15%的溶液，然后将种子放入溶液中，浸泡15～30分钟后取出，再密闭2小时。待种子阴干后即可播种。每千克溶液可消毒种子10千克。

硫酸铜溶液消毒　一般用0.3%～1%的溶液浸种4～6小时后播种。

高锰酸钾溶液消毒　一般以0.5%的溶液浸泡2小时。但胚根已突破种皮的种子，不要用高锰酸钾消毒。

敌克松粉剂拌种　用药量一般为种子重量的0.2%～0.5%。先将药称好，加细潮土配成药土后再用于拌种。

②种子催芽。催芽是通过提供种子发芽所必需的外界条件，

使其完成发芽前准备的一项措施。通过催芽能够打破种子休眠、缩短出苗期，播种后幼苗出土快，出苗整齐，有利于提高场圃发芽率，增强苗木抵抗灾害的能力。催芽是实现苗木速生丰产的前提，方法有多种，北方常用的如下。

层积催芽　将种子与湿润物混合或分层放置，促进种子达到发芽的方法，称层积催芽。这种方法生产上应用广泛，适用于绝大多数树种的种子催芽。因为催芽时温度的不同层积催芽又分为多种方式。

● 低温层积催芽。将种子与湿润物混合或分层放在低温、湿润、通气条件下，经过一段时间的催芽过程。低温层积催芽是应用最广泛的催芽方法。具体方法是：选地势较高、排水良好，背阴背风的地方挖坑，坑的深度必须根据当地土壤结冻深度而定。原则上要在地下水位以上，并保证种子催芽期间要求的温度范围。多数树种在 0 ~ 5℃温度范围内催芽效果最好。坑的宽度一般为 70 ~ 100 厘米，长度依种子数量而定，坑的四周挖小排水沟（图 11）。华北地区挖坑深度为 130 ~ 150 厘米，种沙混合物厚度 50 ~ 65 厘米。

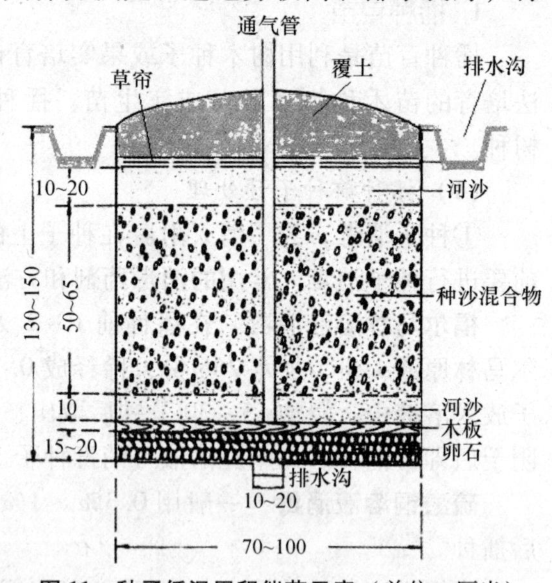

图 11　种子低温层积催芽示意（单位：厘米）

将经过水浸泡并消毒的种子，与干净的湿润物，如河沙、草炭、珍珠岩、蛭石、锯末或积雪等按体积比为 1∶3 均匀混合或分层放置。通常湿沙的水分含量为其饱和含水量的 60% 左右。坑底铺湿润物 10～15 厘米，坑中央设有通气孔，中层放种沙混合（或分层）物，厚约40～50 厘米。再盖湿沙15～20 厘米，最后覆土呈土丘形。种子在催芽过程中，定期测量坑内温度，并记录温度，如发现坑内超过 5℃，应及时采取降温措施，如发现已有霉味时，应及时倒坑。

层积催芽时间随着树种的不同而有较大的差异。在播种前1～2 周，检查种子催芽情况，如果发现种子未萌动或萌动得不好时，要将种子移到温暖的地方，上面加盖塑料膜，使种子尽快发芽。当有 30% 的种子裂嘴时即可播种。

● 变温层积催芽。变温层积催芽是用高温和低温交替进行的催芽方法。一般低温层积催芽时间较长的种子，用变温层积催芽效果好。如红松种子，应先用 45℃ 温水浸泡 3～5 昼夜，其间换水 2～3 次，待自然冷却、消毒后与湿沙混合，之后经过 1～2 个月 25℃ 左右高温，再经过 2～3 个月 2～4℃ 低温处理。又如黄栌种子用 30℃ 温水浸种一昼夜，混沙以后，先放在室温 12～15℃ 放置 4 天，然后移放到室外，当种沙混合物开始结冻时，再移入温暖的房子里，4 天后再移入室外冷凉的地方，这样反复 5 次，25 天可完成催芽工作。高温阶段需经常翻动、喷水，所以比较费工，成本较高。

水浸催芽　水浸催芽是促使种皮变软，种子吸水膨胀，从而达到使种子萌发的催芽方法。这种方法适用于大多数树种的种子。

树种不同，浸种水温差异很大。一般为使种子吸水快，多采用热水浸种，但水温不要太高，以免伤害种子。水温对种子的影响与种子和水的比例、种子受热均匀与否、浸种的时间等都有着密切的关系。

浸种时种子与水的容积比一般以 1:3 为宜，要注意边倒水边搅拌，水温要在 3～5 分钟内降下来。如果高于浸种温度应兑凉水，然后使其自然冷却。浸种时间一般为 1～2 昼夜。种皮薄的小粒种子缩短为几个小时，种（果）皮厚的坚硬的如核桃为5~7天左右，浸种时每天换水一次，水温保持在20~30℃。经过水浸的种子，捞出放在温暖的地方，每天淘洗种子2~3次，直到种子发芽为止。春播时间以幼苗出土后，不致遭到低温危害的前提下，越早越好，尤其是东北和西北地区更为重要，对易遭晚霜危害的树种（如刺槐），不宜过早播种。

夏播适于夏季成熟而又不易久藏的种子，如杨、柳、榆、桑等树种种子。夏播时间待种子成熟后随采随播，以早为好。

秋播适用于休眠期较长的种子，秋播种子在土壤里完成催芽过程，翌春幼苗出土早，但因秋播种子在土壤里时间较长，易遭风蚀、土压、冻裂、鸟兽危害，因此，在风沙严重的地区不适于秋播。秋播时间，一般以秋播后种子当年不发芽为原则。

（2）播种量的确定　适宜的播种量能提高苗木的产量和质量，降低育苗的成本。播种量的确定可以通过计算的方法，也可通过经验获得。

播种量可用下式计算：

$$X = \frac{A \cdot W}{10^6 \cdot P \cdot G} \cdot C$$

式中：

X：单位长度或单位面积实际所需要的播种量

A：单位长度或单位面积产苗量

W：种子千粒重（克）

P：净度

G：发芽势

C：损耗系数

损耗系数 C 大致范围如下：大粒种子（千粒重在700克以上），$C \geqslant 1$；极小粒种子（千粒重在3克以下），$C > 3$（如杨树种子 $C = 10 \sim 20$）；中、小粒种子，$1 < C < 5$（如油松种子：$1 < C < 2$）。

在实际生产中，常因圃地自然条件和育苗技术水平不同，同批种子、相同的播种量，苗木的产量和质量有很大差异。因此，在目前北方苗圃育苗中大多通过经验方法确定播种量。

(3) 播种方法和技术

①播种方法

条播 按照一定的行距播种。条播的方向以南北向为宜。播幅一般宽5~10厘米，行距一般为15~20厘米。适用于中小粒种子。条播有利于行间作业，有良好的通风透光条件。

撒播 把种子均匀地撒在圃地上的播种方法。撒播没有明显株行距，适用于小粒或极小粒种子播种。撒播苗木产量高，但管理不方便。

点播 把种子一粒一粒地按照株距摆在播种沟里。适用于大粒种子或比较珍贵树种的种子。

②播种技术要点。人工条播和点播，要求按行画线，按照线进行开沟，沟要直，沟底要平，深浅要求均匀一致。开沟深度由种粒大小和覆土厚度决定，开沟后马上撒药，按计划播种量撒种。小粒种子或极小粒种子可不必开沟，可顺行直接播撒。撒种后覆土深浅要适宜；一般覆土厚度为种子短轴直径的2~3倍。土壤砂性强、干旱、风大的地区，子叶不出土的种子，秋播种子，覆土应适当加厚。相反，土壤黏重、潮湿，种粒小，子叶出土的种子，覆土应适当薄些。覆土厚度，一般极小粒种子为0.15~0.5厘米，小粒种子为0.5~1厘米，中粒种子为1~3厘米，大粒种子为4~8厘米。

覆土后要及时进行镇压，在北方春旱多风的地区尤为重要。镇压的作用主要是减少气态水的蒸发，使种子与土壤密接。用砂壤土覆土要立即镇压，对湿而不黏的土壤可待覆土稍干后再进行镇压，湿而黏的土壤可干后轻度镇压或不进行镇压。

使用机具播种，可提高效率，但要先试播，调节好播种量，播种过程中要经常检查，以防出现漏播或播种不均匀等现象。

（4）播种后的圃地管理

①覆盖。小粒或极小粒种子，播种后要立即进行床面覆盖。覆盖材料要能保持土壤水分、不妨碍种子发芽，而又不会给圃地带来杂草或病虫害。覆盖后要经常检查，防止材料被风吹跑。当幼苗大量出土时，要及时分期撤除覆盖物，先撤除1/3，1周左右，再撤除其余的1/2。第三次全部撤除，也可以把覆盖物移到苗行间，起压沙和保墒作用。

②灌溉。因播种后土壤水分不足而妨碍种子发芽出土时要及时进行灌溉，使种子能在适宜的土壤水分条件下发芽。一般土壤水分不足的地区，覆土薄、不覆盖的播种地，要进行小水灌溉。如果播前已灌足底水，可在不影响种子发芽的情况下，尽量少灌溉。

③松土除草。为防止土壤板结，阻碍种子发芽，要及时松土。为防除杂草，播种前后可使用化学除草剂。少量杂草也可以人工拔除。松土除草要做到及时，“除小、除了”，不要碰动种子，损伤苗木。

④设防风障。北方沙地育苗，为防止沙打、风蚀苗木，要在西北方向架设防风障，待季风过后应分期分批撤除。

⑤防除病虫害。播种后要本着“治早、治小、治了”的原则，及时防除病虫害。

2. 营养繁殖育苗

营养繁殖育苗是利用乔灌木树种的根、茎、叶、芽等营养器官培育苗木的方法。用这种方法培育的苗木，称为营养繁殖苗。营养繁殖育苗广泛应用于适用树木苗木的培育。

（1）插条育苗　插条育苗是将枝条或苗干，截成插穗，扦插于圃地，使其生根成活形成新植株的育苗方法。

①硬枝扦插。硬枝扦插是用完全木质化的插穗进行扦插育苗的方法，其主要技术要点如下（图12）。

选条　选择采穗圃的当年生健壮枝条或当年生插条苗的苗

干，以及幼、壮年树上当年生健壮的主干萌生枝和根部的萌芽条。采条时间要在树木休眠时进行。

图 12 苗圃硬枝扦插

制穗 首先剪去发育不充实的种条梢头，然后按规格剪制插穗。杨、柳树等插穗粗度一般为 0.8～2.5 厘米，长度为 15～20 厘米；紫穗槐、连翘、木槿等，粗度为 0.3～15 厘米，长度为 10～15 厘米。截制插穗要在庇荫背风处进行，切口应平滑不劈裂，上切口距芽 1.0～1.5 厘米，下切口距芽 0.3～0.5 厘米，将截制好的插穗，按粗细分级，每 50 或 100 根不颠倒地捆成一捆。

贮藏 对不立即扦插的种条，为保持生命力，促进切口愈合和不定根生出，采集后要立即贮藏。贮藏方法一般采用混沙层积埋藏法。贮藏时，要注意插穗小头朝上，分层（2～3 层）隔沙（或潮土）埋藏，捆与捆间填充湿沙，设置通气孔，以防穗条干燥失水或湿热发霉。

催根 一些难生根树种，可进行催根。常见的催根方法如下。

● 浸水催根。将成捆插穗浸泡在流水中 10 天左右（如果没有流水条件，应每天换水 1 次），或晚上浸泡，白天将水排掉，覆草帘，置温暖通气条件下 7～10 天，当皮层上生出白色瘤状突起时扦插。此法适用毛白杨、河北杨、新疆杨等树种。

松脂较多的针叶树，可将枝条下端浸入 30～35℃温水中 2 小时，使树脂溶解，以利切口愈合生根。

● 激素催根。一般常用的激素有萘乙酸（NAA）、吲哚丁酸

(IBA)、生根粉(ABT)、木素酸钠和腐殖酸钠等。多用于生根困难的毛白杨、葡萄等树种的硬枝扦插。

处理方法有液剂浸泡和粉剂处理两种。如果用液剂处理，应先用少量酒精溶解，浓度为50%，然后加水或滑石粉等稀释至使用浓度。通常萘乙酸、吲哚丁酸浓度为50～100ppm①，浸泡12～24小时；木素酸钠浓度为100～300ppm，浸泡2～6小时；腐殖酸钠浓度为3 500～7 000ppm，浸泡24小时。药剂浸渍插穗深度3厘米左右。萘乙酸、吲哚丁酸等还可配制500～1 500ppm的溶液，浸蘸5秒钟，随蘸随插。若用粉剂处理，可加滑石粉或木炭粉将药剂稀释为0.1%，再将插穗下端2厘米处蘸上药粉，随即开沟埋植。

● 温床催根。选择背风、向阳处，挖掘宽1米、长10米、深25厘米的低床，在床底铺垫5厘米厚河沙，将成捆插穗大头朝上倒立排列于床内，上覆2厘米厚河沙，喷水，白天覆盖塑料薄膜，夜间盖草帘，使昼夜温度控制在10～25℃，一般经10～15天即可生根。此法适用于毛白杨、河北杨、新疆杨等。

扦插 春秋皆可扦插。春插气温应稳定在10℃左右时进行。杨、柳树以垄插为宜。干旱地区的花灌木多用低床扦插。扦插密度，杨、柳树垄距为60～80厘米，每垄插1行，株距20～40厘米，每公顷3万～5万株苗木；花灌木株距10～20厘米，行距20～40厘米。以直插为好，土壤黏重时也可斜插。扦插深度，落叶树春插一般将插穗上切口芽露出地面，秋插则全部插入土中。扦插时保护上切口芽，防止倒插，下切口要与土壤密接。插后踏实，随即灌水。每隔3～5天连续灌2～3次，直至愈合生根后再每隔1～2周灌水1次。

②嫩枝扦插。嫩枝扦插是在生长期中应用半木质化枝条进行扦插繁殖的方法。由于嫩枝内含有丰富的生长激素和可溶性糖

---

① ppm（毫克/千克），下同。

类，酶的活性强，有利插穗愈合生根。适用于硬枝扦插不易成活的树种，如雪松、桧柏、龙柏、落叶松、毛白杨、桑树、枣树等。其关键技术要点如下。

采条 采条时期以枝条呈现半木质化时为最适宜，一天之中应在清晨有露水或阴天无风时进行。一般选择幼龄母树上发育健壮的半木质化枝条和根蘖条。

制穗 采集的嫩枝，应在阴凉处迅速制穗。穗长一般2~4个节间，保留3~4个叶片，下切口在芽下剪成马耳形。在采集、制穗期间，注意用湿润物覆盖嫩枝，以免失水萎蔫。

催根 多用外源生长激素催根，方法同硬枝扦插，浓度宜稍低些。

扦插 多在傍晚或早晨进行。通常采用低床，随采集、随制穗、随扦插。扦插密度以插后叶面互不拥挤重叠为原则。株行距一般为10厘米左右。扦插深度为2~4厘米。插后立即灌水或喷雾。

对生根困难的树种，不仅应用外源生长激素催根，还应在温室或塑料棚内，用砖石砌成温床或简易塑料小拱棚做插床。用蛭石、陶粒、炉渣、河沙、泥炭等做插壤，且要严格消毒，有条件的安装可自动喷水或全光喷雾设施。塑料棚上方50厘米处可架设活动遮荫网等。

管理 插后每日喷水2~3次，如气温高时每天需喷3~4次，但每次水量要少，以达到降低气温，增加空气湿度，而又不使插壤过分潮湿之目的。扦插初期空气相对湿度应保持在95%以上，下切口愈合组织生出后可降低至80%~90%。棚内温度控制在18~28℃为宜，超过30℃时应立即采取通风、喷水、遮阳等措施降温。插穗生根以后，可延长通风时间，加大透光强度，使其逐渐接近自然环境。

（2）埋条育苗 埋条育苗是将不带根或带根的1年生苗木平埋到土壤表层，促其生根发芽，形成一些新植株，待苗木长到一定高度，再将母条逐一切断使之成为独立苗木的方法。其优点是埋条上一处生根，所有芽苞都能萌发生长，所以容易成活。多用于毛白杨、河北杨、悬铃木等树种。

埋条育苗宜在春季进行。种条需秋后采集，剪掉梢头，冬季低温埋藏，这样春季种条埋入土壤后以利生根发芽。春季育苗时，种条应随埋随取。埋条的方法主要以下几种。

①平埋法。一般采用低床，床宽1.2～1.4米，长10～20米。每床埋两行，行距50～80厘米。开沟深3～4厘米。将发育健壮芽子密集的种条平放沟内。如遇有弯曲条，可在弓弦处剪一切口，使条伸直，然后覆土1.5～2.0厘米，踩实、灌水。灌水后应进行检查，如有种条露出，应再行覆土。

②点埋法。开沟深2～3厘米。平放种条后，在其上每隔约40厘米堆成10厘米高的小土丘，其他苗干裸露在外。土丘处可保持土壤湿度，裸露处提高土壤温度，这样解决了平埋覆土过浅易干、覆土过深地温低，不利幼芽萌发出土的弊端。

③短床条梢对接埋条法。将低床的长度做成相当于2根种条对接的长度，宽度为1.2～1.5米，顺床开沟，将两根种条梢对梢、基部对水沟埋好，并在种条梢头接合部和基部堆成小土丘压牢。这种方法不需上方漫灌，床面不板结，地温高，通气好，有利于芽苗萌发生长。

（3）插根育苗　是将树木的根截成根段插入土壤中繁育成苗的方法。林业上，泡桐、楸树、火炬树、香椿等可采用此法育苗。

种根一般在树木休眠期时从青、壮年母树周围挖取，或利用苗木出圃时修剪和残留在圃地中的根截成根穗。根穗粗度为0.5～3.0厘米，长度为10～20厘米。插根育苗一般采用低床或高垄。先开沟，然后将根穗垂直或倾斜埋入土中，上面覆土1～2厘米。注意要粗头朝上，不能倒插。插后镇压，灌水。一般约经10～15天即可发芽出土。

（4）嫁接育苗　是把一种植物的枝或芽，接到另一种植物的茎或根上，使接在一起的两个部分长成一个完整的植株的方法。接上去的枝或芽，叫做接穗，被接的植物体，叫做砧木或台木。嫁接时应当使接穗与砧木的形成层紧密结合，以确保接穗成活。嫁接时一般选用具2～4个芽的苗做接穗，嫁接后成为植物体的上部或顶部；砧木嫁接后成为植物体的根系部分。

嫁接方法很多，苗圃常用的方法有枝接和芽接。枝接有切接法、劈接法、腹接法、芽苗接等；芽接有“T”形芽接和带木质贴芽接等。

嫁接成功与否主要决定于接穗和砧木的亲和力、嫁接的技术和嫁接后的管理。所谓亲和力，就是接穗和砧木在内部组织结构上、生理和遗传上，彼此相同或相近，从而能互相结合在一起的能力。亲和力高，嫁接成活率高。反之，则成活率低。一般来说，植物亲缘关系越近，则亲和力越强。实践证明，油松、落叶松、樟子松、刺槐、槭树属、黄檗、水曲柳、胡桃楸等选用本砧；侧柏选用扁柏、杜松；龙柏选用圆柏、侧柏；毛白杨选用加杨、小叶杨；龙爪槐选用国槐；红花刺槐、江南槐、朝鲜槐选用刺槐；核桃选用本砧、山核桃、枫杨；枣树选用酸枣；苹果选用山荆子、海棠；梨选用杜梨、秋子梨；柿选用黑枣；核桃选用核桃楸；桃选用山桃、毛桃；杏、李选用山桃、山杏等亲和力都很好。

一般枝接宜在树木萌发前的早春进行，因为此时砧木和接穗组织充实，温湿度等有利于形成层的旺盛分裂，加快伤口愈合。而芽接则应选择在生长缓慢期进行，以当年嫁接成活，来年春天发芽成苗为好。接穗在嫁接前用植物激素进行处理，如用200～300ppm的萘乙酸浸泡6～8小时，能促进形成层的活动，从而促进伤口愈合提高嫁接的成活率。嫁接时动作要迅速，并严格按技术要求削好砧木和接穗，接面要平滑，使砧木和接穗的形成层紧密连接，绑扎松紧适度，并适时解绑。

嫁接后要时常检查成活情况，多数树种芽接后2周，枝接后

5~6 周愈合成活。大多数树种成活后即可解绑，但落叶松要过 1~2 个月，樟子松和红松到翌年 5 月解绑。夏秋季芽接的应在翌春剪掉接芽上部砧木苗干，春季芽接到则在成活后剪砧。保留接穗上的一个健壮芽，其余的芽全部抹去。

3. 移植育苗

移植育苗就是通过移栽，培育根系发达的健壮苗木和大规格苗木。苗木通过移植，截断了主根，促进并增加了侧根和须根生长，抑制了苗木高生长，降低了苗木的茎根比值，这样的苗木属于优质苗木。同时苗木经过移植后，扩大了单株营养面积，且养分分配均等，可以培育良好的干形和冠形。

根据移植苗木的年龄，苗木移植有芽苗截根移植、幼苗移植、大苗移植等几种类型。

（1）移植季节和时间　苗木的移植季节应根据当地气候条件和树种的生物学特性来决定。一般树种主要在苗木休眠期进行移植，对于常绿树种，也可在生长期的雨季进行移植，最好在雨季来临之前进行，但雨天或土壤过湿时移植，苗木根系不易舒展，破坏土壤结构，对苗木成活和生长不利。

春季是各种苗木适宜的移植时期，移植的时间在北方应以早春地解冻后苗木未萌动前进行比较适宜。每个树种的具体时间，应根据树种发芽的早晚来安排，一般针叶树早于阔叶树。

秋季移植一般应用在冬季不会遭低温危害，春季不会有冻拔和干旱等灾害的地区，移植的时间在北方应早移植，对落叶树种当苗木叶柄形成离层，叶子能脱落或能以人工脱落时即可开始移植；常绿树种的两种生长型苗木，都在直径生长高峰过后即移植。因为无论是落叶树种还是常绿树种，在这时根系尚未停止生长，移植后有利于根系恢复伤口。

（2）移植密度的确定　移植密度（株行距）决定于树种的生长速度，苗圃地的气候条件、土壤肥力，移植用苗的苗龄和移植后需要培育的年限，另外，即使是同一树种在同一环境条件中，由于作业方式、育苗地管理所用的机器和机具不同，也不相同，一般移植株距5～50厘米，行距为12～60厘米。

(3) 移植方法及栽植技术　北方苗圃生产上常用的移植方法主要有以下几种。

①沟移法。移植时先按行距开沟，再把苗木按照株距移栽在沟中，填土踩实。

②缝移法。适用于小苗和主根长而侧根不发达的苗木，移植时用铁锹开缝，随即把苗木放在适当位置，使苗根舒展，然后压实土壤，用此法移植时，注意不要使苗根变形。

③穴移法。适用于比较大的苗木的移植，移植时按照预定的株行距定出栽植点，挖坑栽植。

④贴埋法。适用于1年生阔叶树苗木和2～3年生针叶树苗木的移植，先做土埂（小垄），再将埂壁削成垂直面，然后按一定的株距将苗木贴壁放置，然后培埋土。

无论采用哪种移植方法都要做到以下3点。

- 移栽前苗木要分级，根系要修剪。
- 栽植时，根系要舒展，严防窝根，为此人工栽苗时把苗木施于穴或沟中，先填土到八成，再把苗向上提一下使苗根下垂，再踩实覆土。再填土再踩实，最后使覆土高出原土1～2厘米。
- 带土苗移植时苗干要直，萌芽力强的阔叶树，还可采用截干苗移植。对针叶树，在移栽过程中要保护好顶芽，起出的苗木要立即移栽，移植时一次不要拿苗过多。

(4) 移植后的管理　苗木随移随灌水，最好能灌溉2次，灌水后适时松土，改善土壤通透性，以促进根系的生长。另外，灌溉后要注意扶直苗干，平整圃地。

在苗圃培养大苗时，阔叶树要有通直良好的干形，主干高2.5～4米，树高5～7米；常绿针叶树，要求枝条分布均匀，发育匀称的树冠和各种冠形，一般树高3～5米。对于栽植成活后的大苗要进行整形修剪，即对树干和树冠通过人工修剪进行控制和调整。

4. 容器育苗

容器育苗是利用装有营养土的容器培育苗木的育苗方法。采用容器育苗具有节省种子，育苗周期短，便于育苗全过程的机械化，所培育的容器苗造林成活率高，且造林不受季节限制等优点。因此各地极为重视发展容器育苗。但是容器育苗也存在育苗成本高、技术比较复杂等问题。

（1）育苗容器的种类与规格　目前，国内外所采用的育苗容器大小差别很大，最大的可达到700立方厘米，最小的只有30立方厘米，一般为40~164立方厘米，这主要受苗木大小、造林要求和经济条件等影响，找出保证造林成效所允许的最小容器规格仍是当前急待解决的问题。

容器制作的材料有2类：一类是可以在土壤中分解的，如用稻草、黄泥、泥炭、纸张等制成的容器；另一类是不能在土壤中溶解的，如用聚乙烯、聚氯乙烯、聚苯乙烯等材料制成的容器。

容器的形状也是多种多样，有圆形的、圆锥形的、六边形的、长方形、正方形、三角形等等。圆形杯制作简便，是目前我国采用最普通的一种容器。

（2）营养土的选择、配制与装杯　良好的营养土所具备的特性有：来源丰富，能够就地取材，价格便宜；保水保肥，能保持足够的水分，使浇水不必过于频繁；通气性好，且有足够的孔隙度，以便排除多余的水分，且多次浇水后不板结；有机质丰富；含病菌，草籽少；质轻便于运输。

作营养土的材料很多，我国北方常用的有：蛭石、树皮粉、泥炭、珍珠岩、草皮泥、浅海泥、黑钙、黄黏土、腐殖质、堆肥，以及森林腐殖土等。

一般的营养土都是由两种以上的成分配制而成的，我国各地根据本地区的具体情况，经试验也找出了适合自己的培养基配比。常见的有：

蛭石20% +泥炭30% +森林腐殖土50%

蛭石50% +泥炭50%

蛭石30% +泥炭50% +黄心土20%

山地草皮土70% +黄心土20% +过磷酸钙2%

营养土在装杯前需要调制和消毒，方法同苗圃土壤消毒。然后可进行装杯操作。营养土装杯时湿度要适宜，装填土要低于容器口0.5~1厘米，为播种后覆土留有余地。

(3) 播种　选用催好芽的优良种子，每个容器播2~3粒，尽量放在容器的中心。播种后立即覆土，覆土厚度因树种而异，覆土材料可用珍珠岩、腐殖土、河沙或培养基混河沙（1:1）。然后及时浇灌透水。

除了在容器内进行播种育苗之外，也可在装好营养土的容器内移栽苗木，培育成移植容器苗。

（三）北方苗圃常规育苗苗期管理

苗期管理的技术措施恰当与否对苗木的产量影响极大，其主要内容如下。

1. 灌溉与排水

水是种子萌发和苗木生长不可缺少的重要因素，水分过多过少对苗木都是不利的。灌溉的目的是要增加土壤的含水量，保证苗木在不同生长发育时期对水分的需要，同时调节苗木体温和土壤温度，防止日灼。

(1) 灌溉　灌溉要做到适时适量，次数与灌溉量要根据树种生物学特性、苗木生长发育的不同时期以及苗圃地的气候、土壤条件来确定。

对于喜湿树种，如杨、柳、泡桐、桉树、水杉、桤木等幼苗，由于生长细弱，根系生长发育慢，则应少量多次进行灌溉；

刺槐、白蜡、臭椿、马尾松、油松等树种的幼苗比较耐旱，对土壤水分要求不严，灌溉的次数可适当少些。

在出苗期和幼苗期，苗木对水分要求虽不多，但比较敏感，应及时少量灌溉；在速生期需水量较大，应少次多量，每次灌透，在苗木硬化期应禁止灌水。

在气候干旱、土壤水分缺乏时，灌溉次数应多些，灌溉量可大些；砂土保水力差，可以多次、少灌；黏壤土保水力强，则应少次多量。总之，每次灌溉量能保证苗木根系分布层处于湿润状态即可。

灌溉的时间，以早晨或傍晚为好，这样不仅可以减少水分蒸发，而且不会因土壤温度发生急剧变化而影响苗木的生长。

灌溉方法有侧方灌溉、漫灌、喷灌及滴灌、地下灌溉等（图13）。

图13　苗圃微喷灌溉

水温也是灌溉的一个重要问题，太低对苗木的根系生长不利，在北方很多地方的苗圃，都建有蓄水池用来提高水温。

（2）排水　土壤水分过多，会使土壤通气不良，妨碍土壤中好气性微生物的活动，影响有机质的分解和苗木根系的正常呼吸，时间长了还会使苗根腐烂。

要做好排水工作，除在建立苗圃时认真进行区划作好排水系统的设置外，在育苗时要做好圃地及床面的整平以及排水沟和步道的疏通工作，保证在暴雨后以及灌溉后能及时排出积水或尾水。

2. 中耕、除草与施肥

详见“三、（一）1. 苗圃土壤耕作”和“三、（一）4. 土壤施肥”。

3. 密度控制

苗木丰产的特点，就是要在保证苗木个体质量的前提下，得到最多的数量。同时也只有在适宜的密度下才能得到粗壮、枝叶繁茂、根系发达、茎根比值小、干物质重量大、造林成活率高的苗木，为此必须确定合理的苗木密度。

确定合理密度的一般原则如下。

● 树种不同，生物学特性有异，密度则不一致。一般是生长慢的要比生长快的密些；苗冠小，不很扩张的要密些；针叶树比阔叶树要密些。

● 同一树种，不同年龄，合理密度不同，年龄小的比年龄大的要密些。

● 同一树种，相同年龄，栽培条件不同，合理密度不同，气候、土壤条件好，肥水充足，密度应大些，反之则宜小些。

为了控制适宜的苗木密度，在苗木培育过程中，必须注意间苗。尤其在播种育苗中，出苗株数往往大于计划产苗株数，或是出苗不齐，密度不均，影响到苗木的产量和质量。为了控制苗木密度，应控制合理的群体结构，选择适宜苗木生长的生态环境，保留健壮株，剔除病弱株。因此，在苗木生育期间必须进行间苗。

间苗应贯彻“早间苗，晚定苗”的原则。间苗次数一般为1~3次，具体时间因树种而异。阔叶树种，第一次间苗在幼苗期的前期，苗木生出2~4对（个）真叶时进行。一般经过10天左右再进行第二次间苗，最后定苗在速生期之前。一般针叶树种，第一次间苗在速生期到来之前进行，最后定苗，如培育1年生苗，应在雨季前进行，培育2年生留床苗应在翌年早春进行。

在保证苗木密度均匀，群体结构合理的情况下，疏去密集株，间去病弱株。对于生长优势的“霸王”苗应加以保留，有条件时应作为育种材料加以特殊培育。为保证计划产苗量，第一次间苗后的留苗密度不应少于计划产苗株数的1.5倍，定苗后的留苗株数要大于计划产苗株数的5%～10%，以备损伤后补足。对于生长快、抗性强的阔叶树种，如刺槐、紫穗槐、元宝枫、榆树等，只进行1次间苗即可。

为保证圃地上全苗，结合间苗可对缺苗处进行补植，即采用幼苗移植的方法。将苗木过密处的土壤用水湿透，用锋利小铲掘苗，带土移栽，随后浇水。幼苗移栽还能促进苗木多生侧根和须根。另外，幼苗移植还用于某些生长较快且可以当年造林的树种的移植，以促进苗木多生侧根和须根。

4. 截根

为促进苗木多生侧根和须根，促使根系发达，防止苗木秋季徒长，促进苗木木质化，在苗期可以实施截根措施。这种措施适用于主根发达、侧根细弱的树种，如核桃、栎类等。对移植效果不好的1～2年生播种苗或需要当年出圃造林的苗木，通过截根可代替移植的效果。

截根时间因树种而异，主根发达的树种，如核桃、板栗等，宜在幼苗期后期或速生期的前期进行截根。秋季截根宜在速生期末期或硬化期初期，即在苗木生长停止前进行，截根深度以10～12厘米为宜。

人工截根工具有截根刀、截根锄、截根锯等。机械截根工具有机引带弓形截根刀的犁。

5. 防高温措施

有些树种的幼苗因组织幼嫩不耐高温，强烈的阳光直接照射会使地温过高，从而导致苗木不适而产生日灼危害。大部分针叶树种和部分幼苗生长缓慢的阔叶树种，如杨、柳、泡桐等，在地温太高时要采取一些降温措施以防止苗木因高温而死亡。常用的方法如下。

(1) 遮荫　遮荫对于降温效果很好，能使幼苗免遭高温日灼之害，也能减少土壤水分的蒸发。对播种较早的树种，还能防止晚霜的危害。

遮荫通常用遮荫网架荫棚，荫棚有水平式和倾斜式两种，为保证苗木质量，遮荫网的透光度不宜太小，一般以0.5~0.6为宜。荫棚的高度应根据苗木的生长高度而定；遮荫时间的长短，原则上是以地温会使幼苗受害时开始遮荫到苗木不会受日灼危害时立即停止，尽量缩短时间。

（2）*喷灌和覆草降温*　在高温时期用喷灌既能降低温度，又能增加土壤和空气湿度，所以降温效果好。此外，用草类放在苗木行间，既能降低地表温度又能减少土壤水分的蒸发。

6. 防治病虫害

要以防为主，治早、治了。具体防治措施：建立苗圃和育苗之前要进行调查，避免选择立枯病、腐烂病、蝼蛄、蛴螬等主要病虫害发生严重的地段作苗圃地；秋季深耕，实行轮作，合理施肥，高床（垄）育苗，种子催芽，适期早播，合理密植，中耕除草，注意排灌等，都能促进苗木健壮生长，抑制病虫害的发生和蔓延；进行土壤消毒，种子消毒，苗期喷药防治。

7. 越冬保护

我国北方冬季寒冷，春季干旱多风，很多树种苗木容易遭受冻害和生理干旱危害。防除措施有以下几种。

（1）*灌冻水*　除高寒地区容易发生冻害的苗木外，留床越冬苗木都应当在土壤结冻之前（夜冻昼消之时）灌1~2次冻水。

（2）*设置风障*　我国北方一般在土壤结冻前用秸秆或塑料（尼龙）布建立防风障。针叶树苗每隔2~3排床立一道风障，风障的长度与主风方向垂直设立，风障梢端顺主风方向倾斜，障间距离为障高的3~5倍。

（3）*覆盖*　利用草类、锯屑、落叶、塑料薄膜、土壤等覆盖苗床，可以保温防冻，减少水分蒸散，防止鸟兽危害。覆盖时间在土壤即将结冻之前浇灌冻水以后，直到翌春后平均气温稳定在5℃左右时撤除。

（4）覆土防寒 此法简单易行，效果也好，广泛用于小苗和富有弹性的大苗防寒，如红松、樟子松、油松、侧柏、云杉、冷杉、核桃、板栗等。矮小苗木覆盖厚度 5 ~ 12 厘米，高大苗木卧倒埋覆，厚度 8 ~ 15 厘米。覆土时间，应在土壤结冻前 3 ~ 5 天，气温稳定在 0℃左右时进行。先灌冻水，然后用犁或镐先将步道（或垄沟）的土壤翻松、打碎，将土覆盖在苗床上。覆土要细碎，埋严实，以免透风，引起旱害。撤土时间以气温稳定在 2℃左右时为宜，要分 2 次进行，第一次只露出苗梢，隔 1 周后全部扒除，每次撤土后都要灌溉。

（5）架设暖棚 对不耐寒的珍贵树种，如雪松、龙柏等，到了晚秋苗木停止生长时，将苗木集中移栽密植，上部架设塑料大棚保暖防寒。但要注意雪后及时扫雪，早春适当通风。

8. 防霜冻

霜冻发生时间多在早春或晚秋。早春霜冻又称晚霜危害，晚秋霜冻称为早霜危害。防除霜冻措施主要有以下几点。

（1）栽培技术措施 播种地不宜选在寒流容易汇集的林间、狭谷和低洼地段；适期播种，待晚霜过后使幼芽出土；苗木生长后期，停止施入氮肥，少灌水或不灌水，以便控制生长，促进苗木木质化。

（2）熏烟法 根据天气预报，在预知有霜冻的夜晚，利用半干湿的柴草堆放在育苗地的上风处，每亩 3 ~ 4 堆，每堆 15 ~ 20 千克，待气温下降到接近 0℃时，点燃草堆，烟雾弥漫地面，可以减少地温散失，烟尘还能吸收一部分水气，凝成小滴放出潜热。通过熏烟措施，可将圃地温度提高 1 ~ 2℃，燃烧时要火小烟大，日出后应继续保留浓烟 1 ~ 2 小时。

（3）喷灌 水的比热较大，冷却迟缓，结冻时能放出大量潜热，因此，在预知霜冻的夜晚，或苗木已发生霜冻，可在夜晚或日出以前进行灌溉或喷水，能提高圃地温度 2℃左右，是防治晚霜危害的有效措施。

（四）苗木出圃

1. 苗木质量产量标准

GB 6000—1999《主要造林树种苗木质量分级》是我国林木育苗生产的技术法规，各级领导和育苗生产人员在整个育苗过程中，必须严格遵守。

质量标准 按地径和苗高两指标为依据分为3个等级。Ⅰ、Ⅱ级苗为符合造林要求的合格苗，Ⅲ级苗不能出圃造林。

产量标准 苗木总产量包括Ⅰ、Ⅱ、Ⅲ级苗木的数量总和，合格苗产量为Ⅰ、Ⅱ级苗的总和。播种苗的合格苗应占苗木总产量的70%以上，移植苗和插条苗的合格苗，一般应占总产苗量的85%以上，废苗不计入总产量。

2. 起苗

（1）*起苗季节* 一般落叶树种从秋季开始落叶，到翌年春季树液开始流动以前都可以起苗，常绿针叶树种和容器苗除上述时间外，还可以在雨季起苗。秋季起苗有利于秋耕，有利于苗根伤口的愈合，春季发芽早的苗木适于秋季起苗。起苗要与造林的具体时间相配合。

（2）*起苗方法* 起苗前如土壤干燥需提前灌水。起苗深度应比栽植时苗根长出3～5厘米，以利修剪。针叶树需保护好顶芽和侧枝，阔叶树可适当修剪侧枝，截干苗要在起苗前截干，留干高度一般为5～10厘米，容器苗应严防土坨散落。

人工起苗时，先铲去苗行两侧的表土，距苗干大于根长的位置，用铁锹向下切断苗根，同时切断主根，轻轻抖土取出苗木。机械起苗时，先将苗圃地内机械转弯处的苗木起出，定好苗犁深度，顺苗床和苗行起苗。起苗过程中严防苗根失水。

（3）*苗木分级和统计* 起苗后首先修剪根系，凡根系达到出圃要求，再按苗木等级标准进行分级，然后统计各级苗木数量和总产苗量，计算合格苗产量占总产苗量的百分比，并做等级标记。分级时要体现以地径为主的原则，即地径和苗高不属同一级时，要以地径所属级为准，但地径属Ⅰ级，苗高属于Ⅲ级时，则为Ⅱ级苗。

苗木检测方法、使用工具、精度要求，均应符合《主要造林树种苗木质量分级》（GB 6000—1999）的要求。

（4）苗木包装和运输　苗木分级以后，出圃的苗木立即按级别与数量标准捆扎、包装。凡运输时间长，运输距离较远的苗木或易失水的树种，要进行细致包装，以保湿材料将根部包严，枝干外露。运输路途近及造林容易成活的树种可以用草帘将根系包扎好，一般重量不超过30千克。将每包附上标签，注明树种、苗木种类、苗木年龄、苗木等级、苗木数量、起苗日期、批号、检验证号。

在运输过程中，要采取保湿、降温、适当通风等措施，严防风吹日晒、发热、重压。苗木运到目的地后立即开包造林，来不及造林的应在背风、背荫、湿润处假植。

出圃前，购苗单位可对苗木质量和数量进行验收，验收方法和允许误差按《主要造林树种苗木质量分级》（GB 6000—1999）规定进行。

（5）苗木假植和贮藏　分级后的苗木不能立即外运时，要进行临时假植，秋季起苗后准备翌年春季出圃或移植的苗木，要进行越冬假植或低温贮藏。

①苗木假植。假植是将苗木的根系用湿润的土壤进行暂时的埋植。分为临时假植和越冬假植。

临时假植　选背荫、湿润的地方，挖深30～50厘米的沟。将苗根放入沟中，用土埋严。为便于统计，每排数量相等。这种方法假植时间较短。

越冬假植　在土壤结冻前，选排水良好、背风的地方挖东西向沟，沟的规格依苗木大小和数量多少而异。一般深20～100厘米，沟宽100厘米，迎风面的沟壁作成45°的斜壁。越冬假植要将苗木单株排列在斜壁上，把苗木根系和苗下部用湿土埋好踏实，使根系与土壤密接，常绿针叶树苗必须全株埋土，以防止干旱风侵袭。沟内土壤干燥时，假植后可适当灌水，但切忌过湿，以免苗根腐烂。在风大寒冷的北方，当气温下降到0℃以下时，应随气温下降不断加厚土层，最后把苗木盖严。对于怕冷又易遭受霜害的苗木，除盖土外还要再盖上草类，以保持假植沟的温度。风沙严重的地区，假植沟的迎风面要设防风障。假植后要插牌，写明树种、苗龄和数量。翌春气温回升时，要逐渐撤去盖土，发现有霉烂应及时倒沟（图14）。

图14　苗木越冬假植

②低温贮藏。低温贮藏就是将苗木置于-3~3℃，空气相对湿度在85%以上，并有通气设备的条件下。生产上经常用冷藏室、冷库、冰窖、地下室、地窖、窑洞等能保持低温的地方贮藏苗木。我国北方地区，贮藏苗木多用地窖。窖分为3种类型。

地下窖　深度1.5~2.0米，上口宽3米，底宽2米，侧壁成斜坡，窖长按计划贮苗量决定，窖中部设门，上留通气孔，窖底挖宽、深各25厘米的排水沟。放苗时，先于窖底铺湿砂5~10厘米，将苗木成捆平放，根部向窖壁（距约3~5厘米），放一层苗木，再盖湿沙3~5厘米，层层放置直到距坑沿约40厘米左右为止。当窖内温度不高于3℃时入窖。

半地下窖　深0.6~1米，挖出之土在窖沿堆成50~60厘米的土埂，在土埂上筑高50~60厘米的墙，墙上筑盖，放苗法与前面相同，适用于土层薄、地下水位高处使用。

冰窖　此法适用于能挖山洞的地方，窖内放冰块。在吉林和龙县一带，到5月下半月窖内温度仍能保持在0℃左右。

第二章　北方主要树种育苗技术各论

一、银杏

银杏 *Ginkgo biloba* L. 属银杏科银杏属，别称白果、公孙树、鸭脚树、蒲扇等。

银杏为落叶大乔木，寿命长，有“活化石”之称。银杏初期生长较慢，萌蘖性强。银杏系雌雄异株，4 月上、中旬开花，5 ~ 6 月定果，9 ~ 10 月果实成熟。雌株一般 20 年左右开始结实，40 年后达到盛果期。银杏一般 3 月下旬至 4 月上旬萌动展叶，10 月下旬至 11 月落叶。

银杏适于生长在水热条件比较优越的亚热带季风区。适生区土壤以黄壤或黄棕壤为宜，pH 值 5 ~ 6。银杏适应性强，抗烟尘、抗火、抗有毒气体。

银杏是极具观赏价值的园林绿化树种，其木材材质优良，为高级用材；种子富含营养，可食用和药用；银杏叶在治疗心血管系统疾病方面也具有重要价值。银杏是我国国家 I 级重点保护植物，极具开发利用前景。

（一）银杏种质资源与繁殖材料

1. 优质种质资源的选择

浙江天目山、湖北大洪山、神农架等偏僻山区，有自然繁衍的古银杏群。全国最大的银杏培育基地在山东省郯城县，国家级良种基地是江苏邳州市国家银杏良种基地。山东省发布的银杏主要优良品种包括：‘大金果’银杏（登记编号：鲁 S – SV – GB –

016－2004)、‘岭南’银杏（登记编号：鲁 R－SV－GB－003－2004)、‘玉镶金’银杏（登记编号：鲁 S－SV－GB－016－2005)、‘窄冠’银杏（登记编号：鲁 S－SV－GB－017－2005)、‘垂叶’银杏（登记编号：鲁 S－SV－GB－018－2005)、‘叶籽’银杏（登记编号：鲁 S－SV－GB－039－2007）。

近年来，各地陆续开展了银杏种质资源收集工作。选育了大批具有不同用途的优质品种，其中较为著名的有如下几种。

核用品种：家佛指、马铃 3 号（魁铃）、大金果、洞庭皇、大梅核、海洋皇。

叶用品种：高优 Y－2 号、安陆 1 号、WL43 号等。

观赏品种：叶籽银杏、金带银杏、多裂银杏、垂乳银杏等。

雄株品种：G♂12#、嵩优 1 号、广西早花等。

材用品种：豫宛 9#、直干银杏 S－31 号等。

各地可在遵循区域化原则基础上，考虑气候因子和立地条件进行选引栽培。

2. 种子采收与处理

成熟的银杏核果状果实呈橘黄色，肉质外种皮柔软，带白粉，树叶大部分凋落时，种子已经成熟，可实时采种。采种常采用击落后在地面收集的方法进行。种实在阴湿处堆放 1 星期左右，待种皮软化后，搓去外种皮，清水洗去杂质，晒干至种壳变白，即可贮藏。银杏种子贮藏一般用湿藏法。

3. 无性繁殖材料的采集与保存处理

银杏硬枝插条应在秋末冬初落叶后或于春季扦插前 5～7 天结合修剪采条。用于扦插的枝条要求无病虫害、健壮、芽饱满。穗条应采自 30 年生以下实生树上的 1～3 年生枝条。将枝条剪成 15～20 厘米长的插穗，每一插穗保证有 3 个以上的饱满芽，上切口为平口（有顶芽者不截），下切口为马耳形。将插穗按梢部、中部和基部的不同，分别捆扎起来，芽的方向不能颠倒，下端要平齐。嫩枝插穗一般 5～6 月随采随插。

（二）标准化育苗关键技术

1. 播种育苗技术

（1）育苗地准备　银杏育苗地宜选用透水性好、土质疏松、湿润、肥厚的砂质壤土。秋末冬初深翻地，施入腐熟有机肥 7.5 万～15 万千克/公顷，春季再施 90% 晶体敌百虫 75～100 千克/公顷、硫酸亚铁 75～100 千克/公顷，之后平整土地，做低床或垄。

（2）种子催芽处理　银杏种子属生理后熟，播种前需要对种子进行催芽处理。银杏催芽方法很多，常用的方法主要包括室内恒温或变温催芽、室外温床催芽、加温催芽等。

①室内恒温催芽。播种前 20～30 天，将沙藏过的种子用 30℃温水浸泡 2～4 天，每天换温水 1 次，然后放入麻袋中保温保湿催芽，室温可控制在 25℃左右。

②变温催芽。同恒温催芽一样，先用温水浸泡种子，变温处理采用白天 25～35℃的高温，夜间用 5～10℃的低温。采用该法催芽 15～20 天，银杏发芽率可达 85% 以上。也可采用先高温后低温，即开始催芽的 2～3 天，用 30～35℃的高温，然后降至 20～30℃。

③室外温床催芽。在室外背风向阳处，用木板或砖石做成温床，底层铺 10～15 厘米厚的细沙，或直接在高沙土苗床上，按种沙比为 1:3 将种核混以湿沙铺在上面，上盖塑料薄膜（也可搭成小拱棚）或玻璃，晚间加盖草帘，经过 10～20 天，大部分可发芽。

（3）播种时期　北方基本上均采用春播，播种时间为 4 月上中旬。

（4）播种　银杏种核较大，常采用点播。播前浇水 1 次，待土稍干后再开沟播种。开沟深度 2～3 厘米。点播时，种核应南北放置，方向一致，胚根向下，种尖横向。覆土厚度 2～3 厘米。如播种较早，需盖地膜或塑料拱棚，但要及时在地膜上打孔或去掉拱棚，以免烧苗。播种量按每公顷年产15万~30万株计算，株行距20~30厘米，需种核375~600千克。

(5) 苗木培育管理　春播约经4~6周种子开始发芽出土。刚出土的幼苗幼嫩，可适当遮荫。灌水宜少量多次，切忌过多。

苗期一般施追肥3~4次，每公顷施尿素300~450千克，或磷酸二氢钾500~600千克。第一次在出叶3~4片时，大约在5月中、下旬；第二次在6月上、中旬；第三次在7月下旬至8月上旬，最好将化肥溶解于水施入圃地中。在5~7月间，采用1%~2%尿素或2%~3%复合肥每月叶面施肥1次。

银杏出苗后，蛴螬、金针虫等地下害虫危害较为普遍，常用90%的晶体敌百虫500~800倍液在行间开沟灌注后覆土或用1.5%乐果粉拌土，撒入行间沟中。雨后圃地积水，又遇高温，易生茎腐病，可用40%的多菌灵敏800倍液，或70%的甲基托布津1 000倍液在5~6月连续喷洒3次。

2. 插条育苗技术

(1) 硬枝扦插

①基质和插床准备。银杏扦插常用的基质有细河沙、蛭石、珍珠岩、砂壤土、砂土等。多数情况下插床为长方形，长10~20米，宽1~1.2米。插床底部铺10厘米厚、直径0.5~1厘米的小石子或碎砖块，再填入30~40厘米厚的扦插基质。插前1周用0.2%~0.5%的高锰酸钾溶液消毒，使用药液量为5~10千克/平方米，最好与0.2%~0.5%的甲醛液交替使用。喷药后用灭过菌的塑料薄膜封盖起来，48小时后用清水清洗2~3次，即可扦插。

②扦插。扦插前应用100毫克/千克ABT1或用100毫克/千克浓度吲哚丁酸处理插穗。以4月扦插为主。利用塑料拱棚进行春插的可适当提前。扦插时先开沟，或用扦插锥打孔，插入插穗，地面露出1~2个芽，压实基质。株行距为10厘米×(20~30)厘米。

③插后管理。插后及时适量喷水。露地扦插，除扦插后立即

灌透水1次外，若遇连续晴天，则要早晚各喷水1次，1个月以后逐步减少喷水次数和喷水量。

扦插后适当遮荫，以塑料大棚遮荫为好。5~6月插穗生根后，用0.1%的尿素或0.2%的磷酸二氢钾液进行根外追肥，15~20天1次，也可用薄粪水（粪:水=1:10）浇地。

用0.2%的呋喃丹兑水喷洒防治地下害虫，用敌杀死3 000倍液防治食叶害虫。6月起每隔20天喷1次5%的硫酸亚铁液，预防茎腐病。

露地扦插成活的幼苗，落叶后至翌年萌芽前可直接进行移栽。

（2）嫩枝扦插　嫩枝扦插大都是在保护地的条件下进行。扦插育苗在5~6月选用当年生嫩枝，剪成10~15厘米长，上留3~4片叶，插入土中一半，经常喷水，保证叶片不干，约1个半月至2个月即可生根。

扦插后要求基质的含水量在75%左右，空气湿度保持在80%以上。根据天气情况，每天喷水数次。及时防治病虫害。

3. 嫁接育苗

选择树龄30~50年生的优良品种作为采穗母树，以树冠外围、中上部、向阳面的1~3年生枝条为好，最好是在发芽前10~20天采集。采集后，将枝条剪成15~20厘米长、带3~4个芽的枝段，下部插入干净水桶，使其吸水充足，然后以30~50枝扎成一捆，下端1/3埋放在室内通风的湿沙中贮藏，也可放入冰箱或冷库中贮藏。

银杏从萌芽后至秋季落叶前，只要条件许可，均可进行室外嫁接，冬季可在室内进行。银杏的嫁接方法很多，如根据接穗和砧木的不同，可简单划分为枝接、芽接和根接等。枝接包括劈接、切接、插皮接、插皮舌接等。

嫁接以后对嫁接苗木的管理主要包括抹芽除萌、松绑、剪砧、缚梢等各个方面，苗圃其他管理与播种育苗类似。

4. 银杏移植苗培育

1～3 年生的银杏苗木生长缓慢，不适于造林，应通过留床或移植，培育成健壮大苗出圃。

(1) 移苗密度　密度可根据培养大苗的规格及培养年限而定。培育 2 年，苗高达到 1.5 米左右、根颈粗 2 厘米，密度以 3 000～4 000 株/亩（株行距 30 厘米×60 厘米）。如培育高 3～4 米、胸径 3～4 厘米的苗木，必须培养 4～6 年，密度可选用 800～1 000 株/亩，株行距（0.6～0.8）米×（1.0～1.2）米，留床苗经过间苗和移栽，第二年可保留 8 000 株/亩左右，第三年保留 4 000株/亩，第四年保留 2 000～3 000 株/亩，第五年保留 1 000 株/亩。

(2) 移苗时间　10 月下旬至 11 月下旬，落叶前后进行秋植，随起随运随栽，保护好根系、顶芽，2 月下旬至 3 月上旬进行春植。

(3) 整地及移植　移植育苗地要全面深翻，结合翻耕，施足基肥。苗木移栽前，对过长根系要适当修剪。栽植时根系要舒展，深度应以根颈与地面相平为宜或稍高出地面，切忌栽植过深。栽后踏实，浇足定根水，覆土保墒，大苗还要注意扶正、踏实和培土。

(4) 施足底肥，勤施追肥　每年秋后（约 10 月底）施足有机肥作基肥，可根据墒情灌水，5 月上旬可用腐熟人粪尿作第一次追肥，6 月上旬可再追肥 1 次。

（三）苗木出圃

1. 苗木出圃标准

在北方地区，银杏播种苗出圃的国家标准是 1 年生Ⅰ级苗苗高 15 厘米、地径 0.6 厘米，Ⅱ级苗苗高 10～15 厘米、地径 0.4～0.6 厘米；2 年生Ⅰ级苗苗高 28 厘米、地径 1.4 厘米，Ⅱ级苗苗高 15～28 厘米、地径 1.0～1.4 厘米。对于园林绿化用银杏苗，各地一般根据栽植目的和要求确定苗木评价指标和规格参数。

2. 起苗、包装与运输技术要点

银杏苗起苗应在秋季落叶后到春季萌动前进行，起苗要注意保持根系完整，1~2 年生苗木要求保留根系长度不得低于 20 厘米，>5 厘米长侧根数在 5 条以上，同时做到不伤根、不折断苗干。

起出的裸根苗木要立即包装，宜采用湿润的蒲包包裹苗木根系，以待运输。来不及栽植和运输，要立即假植。运输过程中注意通风，防止风吹日晒。

银杏大苗出圃栽植，一般都是带土坨起苗和运输，一年四季均可进行。

（四）育苗年周期管理工作历

北方地区银杏育苗管理全年工作历

技术要点	时间（月）											
	1	2	3	4	5	6	7	8	9	10	11	12
采种									◎●	●	○◎	
采条与制穗				◎								
整地做床（垄）			●	○						●		
施基肥、土壤消毒			●							●		
播种				○◎								
扦插				○◎								
播种地覆盖				○◎								
浇水				◎●	○◎	○◎				●	◎	
松土除草				◎●	○◎	◎	◎					
追肥				●	◎		◎					

（续）

技术要点	时间（月）											
	1	2	3	4	5	6	7	8	9	10	11	12
病虫害防治			●	○	○◎							
起苗			◎							●	○	

注：○、◎、●分别表示上旬、中旬、下旬，下同。

二、雪松

雪松 *Cedrus deodara*（Roxb.）G. Don，别名香柏雪松、宝塔松、喜马拉雅山雪松、喜马拉雅杉。

雪松是常绿乔木，大枝平展。雌雄异株，花单生于枝顶。球果成熟后种鳞与种子同时散落，种子具翅。花期为10~11月，雄球花比雌球花花期早10天左右。球果翌年10月成熟。

雪松属浅根性树种，幼龄生长较慢，寿命较长；种子繁殖；较喜光，幼年稍耐荫庇。喜温和凉润气候，抗寒性较强，对土壤条件要求不严，较耐干旱瘠薄，不耐水涝及盐碱。抗风力不强。

雪松树体高大，树形优美，为世界著名的观赏树种。雪松木材坚实，纹理致密，可供建筑、桥梁、枕木、造船等用。

（一）种质资源与繁殖材料

1. 优质种质资源的选择

目前我国雪松优良苗木主产于江苏省南京市浦口区汤泉镇，这里是中国最大的雪松产地，雪松苗木产量占全国的90%以上。

2. 种子采收与处理

种子成熟后及时采种，敲打脱粒。育苗前7~10天，冷水浸种催芽或混沙催芽。

3. 无性繁殖材料的采集与保存处理

采集雪松插穗宜选择3~5年生，生长健壮的实生母树。插条应选用1年生枝条，采用树冠上、中部带有顶芽的主梢作插穗。嫩枝插穗应剪取当年春季抽出的新梢作插穗。雪松插条育苗一般都是随采随插，采条时，随身携带装有清水的容器，采下来的穗条应立即放入，以防水分散失。

（二）标准化育苗关键技术

1. 播种育苗技术

（1）育苗地准备 雪松育苗宜选择质地疏松、排水良好的微酸性砂质壤土，切忌在低洼积水地或坚实黏重的碱性土壤上育苗。土壤经深耕细整后，做成高床，特别在雨水较多、土壤质地较黏重的地区，更要注意抬高床面，以利排水。

（2）种子催芽处理 雪松种子发芽容易。播种前可用冷水浸种 1～2 天，晾干后播种。

（3）播种 播种一般在春季。采用条播方式，行距 14～16 厘米，每米沟播种子 10～12 粒，每亩播种量 1 千克左右，播后覆土、盖草。

（4）育苗地管理 雪松可在全光下育苗，但幼苗出土初期易受旱害，宜适当遮荫。在苗木生长过程中，除及时灌溉、松土、除草外，还要追肥。苗木越冬时注意防寒，苗期侧枝很长，宜适当修短，使主干挺直。

2. 插条育苗技术

插条育苗是繁殖雪松的主要方法。生产上普遍用硬枝插条育苗，也可用嫩枝插条育苗。

（1）扦插技术要点 硬枝扦插时间以 3 月上、中旬为宜。嫩枝扦插时间取决于当地当年的气候条件和新梢生长情况，在新梢长到一定长度并具有半木质化程度时才能剪取插穗。

插穗一般要求随采随插，硬枝插穗长度为 12～13 厘米，嫩枝插穗为 10～12 厘米。采集来的插穗要及时处理，防止因失水而影响成活。基部要剪平整，入土部分的侧枝要剪除，针叶可以保留，不影响成活。

为了提高插穗成活率，加速插穗生根，扦插前插穗基部用浓度为500毫克/升的萘乙酸溶液浸3~5秒。按株距4~6厘米，行距8~12厘米，将插穗的1/3插入土中，嫩枝插条可适当密些，插后及时灌水，使插穗与土壤紧密结合。

(2) 育苗地管理　雪松插条育苗时，插穗愈合生根过程较长，硬枝插条需40天左右形成愈伤组织，8个月以后开始生根，4个月以后才能大量生根。嫩枝扦插也要将近1个月才能形成愈伤组织，2个月才能大量生根。扦插后特别在插穗生根前要加强如下管理。

为了使插穗保持新鲜状态，防止萎蔫，扦插后及时遮荫。插穗开始生根后，逐步缩短遮荫时间，立秋后荫棚即可拆除。在灌溉的情况下，雪松插条也要遮荫。

插穗生根前的灌溉是决定插条成活率的重要措施。一般应于每天早晨或傍晚浇水1次，使圃地土壤经常处于湿润状态。但要控制浇水次数和浇水量，避免因水分过多造成土温下降及土壤通气不良，影响插穗生根。如能进行喷雾，增加床面空气湿度，不使苗床过湿，则最为理想。

大部分插穗生根后，仍要注意灌溉，用矿质肥料进行追肥(开始也可用稀薄人粪尿)。以后每隔8周左右施1次，及时松土除草并进行病虫害防治。

(三) 苗木出圃

1. 苗木出圃标准

雪松1年生播种苗苗高可达15~20厘米，一般留床1年进行移植，2年生苗即可出圃造林。但是在北方地区，在苗圃培育的雪松苗大多并不用于山地造林，而主要用于城市园林造景及单位与居民区等庭院种植。因此所用苗木基本上都是大规格苗木，苗木出圃规格决定于市场需求。各地一般根据栽植目的和要求确定苗木评价指标和规格参数。

2. 起苗、包装与运输技术要点

雪松苗主要用于城市绿化，栽植大多采用带土坨苗，根据出圃苗木大小采用不同的打包方式。运输时注意防晒，远距离运输还要经常对地上部分喷水保湿。

（四）育苗年周期管理工作历

北方地区雪松育苗管理全年工作历

技术要点	时间（月）											
	1	2	3	4	5	6	7	8	9	10	11	12
采种									◎●	●	○◎	
采条与制穗			○◎		◎●	○◎						
整地做床（垄）			○							●		
施基肥、土壤消毒			●							●		
播种				○◎								
硬枝扦插			○◎									
嫩枝扦插					◎●	○◎						
播种地覆盖				○◎								
浇水			○◎●	○◎●	○◎	○◎				●	◎	
松土除草				◎●	○◎	◎	◎					
追肥				●	◎		◎					
病虫害防治			●	○	○◎							
起苗			◎							●	○	

三、华北落叶松

华北落叶松 *Larix principis-rupprechtii* Mayr 属松科落叶松属。

乔木，球果长卵形或卵圆形，长约 2～4 厘米，径约 2 厘米，种鳞背面光滑无毛，边缘不反曲，苞鳞短于种鳞，暗紫色；种子灰白色，有褐色斑纹，有长翅。

华北落叶松为极喜光树种，根系发达，适生于高寒气候。

华北落叶松树冠整齐，呈圆锥形，叶轻柔而潇洒，可形成美丽的风景区，最适合于较高海拔和较高纬度地区的城市绿化和造景。其树干通直，材质优良，也是重要的用材树种。

（一）种质资源与繁殖材料

1. 优质种质资源的选择

华北落叶松只适宜在甘肃、陕西北部、宁夏六盘山区、内蒙南部、山西中部、河北北部的高海拔山区造林。目前各地发布的华北落叶松良种主要有：苏木山林场华北落叶松种子园种子［登记编号：内蒙古 S－CSO(1)－LP－005－2009］、上高台林场华北落叶松母树林种子［登记编号：内蒙古 S－SS－LP－006－2009］、六盘山华北落叶松一代种子园种子［登记编号：宁 S－CSO(1)－LP－001－2007］。

2. 种子采收与处理

球果 9 月中旬成熟，应及时采集。采收后，将球果摊开、晾晒，经常翻动轻敲脱粒，筛选或风选净种。密封干藏。

（二）标准化育苗关键技术

1. 播种育苗技术

华北落叶松种子繁殖能力强，目前育苗基本上采用的都是播种育苗方式。

（1）种子催芽处理　催芽前，先将种子放在 0.3%～0.5% 的高锰酸钾或硫酸铜溶液中浸泡 2 小时消毒，然后可以按下述方法处理。

①用 1% 的石灰水浸种 1～2 昼夜；

②用 40% 温水浸种，每天换水 1 次，经 3～5 昼夜，捞出晾干后播种；

③先用温水浸种 1～2 昼夜，再按 1:3 种沙比例混合均匀，在温暖向阳处挖深 50 厘米的沟，将混沙种子置于沟内，保持湿润，经 10～15 天，种子大部裂嘴时播种；

④雪藏或沙藏催芽，40～60 天即可。

（2）播种时间　4～5月上旬土壤解冻后及时播种。

（3）播种　播种前浅耕细整，然后做高床。开沟条播，行距15～20厘米，沟深1.5～3厘米，播幅5～7厘米，覆土厚0.3～0.8厘米，每亩播量7.5～10.0千克。播后在床面覆草。

（4）育苗地管理　苗木过密时要间苗，雨季注意排水，并要加强对立枯病的防治。在高寒地区，冬季要覆草防寒。2年生苗苗高20～30厘米，可以出圃造林。

2. 移植育苗

为以促使苗木根茎生长，1年生华北落叶松苗必须进行移植培育才出圃造林。

移苗密度80～100株/平方米，行距20厘米，株距5～7厘米。移苗时间宜在早春土壤解冻后进行。

移植育苗应提前整地做床，苗木挖出后剪去过长或受损根系，用1%磷酸二铵和100毫克/千克稀土混合液或25毫克/升生根粉蘸根，以缩短缓苗期并促进生长。苗木要随起随栽，分级栽植，分组管理。

育苗地每年秋后，施足有机肥作基肥，5月中旬可用腐熟人粪尿作第一次追肥，5月上旬可再追肥1次。

（三）苗木出圃

1. 苗木出圃标准

华北落叶松一般都是以1－1移植苗出圃造林，在内蒙古、河北、北京、宁夏等地的出圃苗标准是：Ⅰ级苗地径0.6厘米以上，苗高40厘米以上；Ⅱ级苗地径0.3～0.6厘米，苗高20～40厘米；Ⅲ级苗地径0.3厘米以下，苗高20厘米以下。

2. 起苗、包装与运输技术要点

苗木叶全部变黄，部分落叶时，是适宜起苗的时期。分级包装，根系蘸泥浆。在运输过程中，要采取保湿、降温、适当通风等措施。

（四）育苗年周期管理工作历

北方地区华北落叶松育苗管理全年工作历

技术要点	时间（月）											
	1	2	3	4	5	6	7	8	9	10	11	12
采种									○◎			
整地做床（垄）			●							●		
施基肥、土壤消毒			●									
播种				◎●	○							
播种地覆盖				○◎								
浇水				◎●	○◎	○◎	○			●	◎	
松土除草				●	○◎	◎	◎					
追肥						○	○					
病虫害防治			●	○	○◎							
起苗										◎●	○	

四、日本落叶松

日本落叶松 *Larix kaempferi*（Lamb.）Carr. 属松科落叶松属。

落叶针叶乔木，高达 30 米。雌雄同株异花，花期 4～5 月，秋季果熟。

日本落叶松喜光照充足、喜肥、喜水、喜温暖湿润的气候环境，抗风力差，不耐干旱也不耐积水；生长速度中等偏快。枝条萌芽力较强，有相当的耐碱性。最适土壤为灰化的火山堆积土，石灰质土壤和砂壤土也能生长良好。

日本落叶松是落叶松中一个良好的园林绿化点缀树种，园林配置应用广泛，还可以用于公路、铁路和农田防护林。

（一）种质资源与繁殖材料

1. 优质种质资源的选择

辽宁省是我国日本落叶松种子的主要产区。我国秦岭以南的暖温带和亚热带山区是日本落叶松适生区。国家级良种基地有：

吉林省柳河县五道沟国家日本落叶松良种基地；湖北省建始县长岭岗国家日本落叶松良种基地。我国目前已经发布的日本落叶松良种有小陇山日本落叶松种子园种子，登记编号：国 R－CSO (1)－LK－009－2002。

2. 种子采收与处理

9 月人工上树采摘果枝，将球果露天摊晒、敲打、筛选，然后干藏。短时间内播种可直接干藏。具体做法是：将筛选后的种子适当干燥，置于通风、干燥的室内。

（二）标准化育苗关键技术

1. 播种育苗技术

（1）育苗地准备　宜选择交通方便，地势平坦，排灌良好，土层深厚，土质疏松，较肥沃的中性或微酸性砂壤或轻壤土育苗。冬季整地，每亩施有机肥 750 千克，深翻 30 厘米，播种前均匀喷洒 1∶10 倍的硫酸亚铁溶液，待干后耙平做床，床高 15 厘米，宽 1 米，床间距 25 厘米。

（2）种子处理　播种前将种子用 0.5% 的高锰酸钾溶液浸泡消毒 4 小时，用清水洗净后再倒入 45℃ 的温水中浸泡 24 小时，捞出稍稍晾干后与河沙混合（种沙体积比为 1∶3），然后置于发芽坑内催芽。发芽坑应挖在背风向阳处。坑深 50 厘米，宽 50 厘米，坑上覆盖塑料薄膜，晚上加盖草帘，每天将种子均匀翻动 1 次，待有 30% 的种子裂嘴后即可播种。

（3）播种时期　播种期在 3～4 月，当地表温度在 10℃ 以上时即可播种。

（4）播种　播种前苗床要灌足底水。采用条播，沟距 10～15 厘米，沟深 1 厘米，一般每亩播种量为 4～6 千克，播后覆盖 1 厘米厚的细砂壤土，并盖一层稻草，盖草厚度以不见地为宜，并立即喷水，以后每天按“少量多次”原则进行喷水，经常保持床面湿润。当幼苗有 30%～50% 出土时开始揭草，幼苗出齐后将草揭完，揭草要在阴天或傍晚进行，揭后及时浇水。

（5）苗木培育管理 出苗后要适时浇水，少量多次，保持苗床湿润，并注意松土除草。为了防止日灼和立枯病，在苗床上方须搭荫棚，保持透光度在60%～70%。6月中、下旬和7月上、中旬分别间苗2次，最后一次每米播种行留苗100株左右。出苗前始终保持床面湿润，用喷壶每天喷水2～3次，出苗后可适当减少喷水次数，但床面不可过干。出苗后15～20天，每亩追施硫铵5千克，以后每隔半个月左右进行追肥，连续追肥3～4次，每亩每次追肥量逐渐增加至10千克左右。为防止病虫害发生，待苗木出齐后每隔15天喷洒1次浓度为1%的波尔多液。7月停止追氮肥，可适量追施磷、钾肥。

2. 移植苗的培育

1年生日本落叶松苗必须进行换床移植，以促使苗木根茎生长。

移苗密度80～100株/平方米，行距20厘米，株距5～7厘米。移苗时间宜在早春土壤解冻后进行。

移植育苗应提前整地做床，苗木挖出后剪去过长或受损根系，用1%磷酸二铵和100毫克/千克稀土混合液或25毫克/升生根粉蘸根，以缩短缓苗期并促进生长。苗木要随起随栽，分级栽植，分组管理。

育苗地每年秋后，施足有机肥作基肥，4月下旬可用腐熟人粪尿作第一次追肥，5月上旬可再追肥1次。

（三）苗木出圃

1. 苗木出圃标准

在辽宁、河南西部、吉林、山东等日本落叶松造林地区，一般均采用1－1移植苗造林，国家苗木质量标准规定：1－1日本落叶松移植苗Ⅰ级苗地径0.6厘米以上，苗高40厘米以上；Ⅱ级苗地径0.4～0.6厘米，苗高25～40厘米；Ⅲ级苗地径0.4厘米以下、苗高20厘米以下。

2. 起苗、包装与运输技术要点

苗木叶全部变黄，部分落叶时，是适宜起苗的时期。起苗后分级包装，根系蘸泥浆。在运输过程中，要采取保湿、降温、适当通风等措施。

（四）育苗年周期管理工作历

北方地区日本落叶松育苗管理全年工作历

技术要点	时间（月）											
	1	2	3	4	5	6	7	8	9	10	11	12
采种									○◎			
整地做床（垄）			●							●		
施基肥、土壤消毒			●									
播种			●	○								
播种地覆盖				○◎								
浇水				◎●	○◎	○◎	○			●	◎	
松土除草				●	○◎	◎	◎					
追肥						○	○					
病虫害防治			●	○	○◎							
起苗										◎●	○	

五、兴安落叶松

兴安落叶松 *Larix gmelini*（Rupr.）Rupr. 属松科落叶松属，别名落叶松、意气松（大兴安岭）、一齐松（东北）。

乔木，高可达35米，胸径90厘米。花期5~6月，球果9月成熟。

兴安落叶松为耐寒、喜光、耐干旱瘠薄的浅根性树种，喜冷凉的气候，对土壤的适应性较强，有一定的耐水湿能力。落叶松耐低温寒冷，一般在最低温度达－50℃的条件下也能正常生长。

木材纹理通直，结构细密，有树脂，耐久用。可供建筑、枕木、矿柱、电杆、桩木、桥梁、车辆及家具等用材。树皮可提取栲胶，树干可采割松脂。还可以制作落叶松阿拉伯半乳聚糖，主要用于医药、食品等。

（一）种质资源与繁殖材料

1. 优质种质资源的选择

兴安落叶松天然分布的种源区包括：大兴安岭北部种源区，大兴安岭中南部种源区，大、小兴安岭过渡种源区和小兴安岭东南部种源区。目前黑龙江省发布有兴安落叶松优良种子，包括：沾河兴安落叶松母树林种子（登记编号：龙 R－SS－LG－009－2007）、缸窑兴安落叶松初级无性系种子园种子［黑 S－CSO（0）－LG－017－2010］、胜山兴安落叶松天然母树林（登记编号：黑 S－SS－LG－025－2010）、中央站兴安落叶松天然母树林（登记编号：黑 S－SS－LG－026－2010）、阁山兴安落叶松人工母树林（登记编号：黑 S－SS－LG－027－2010）、加格达奇兴安落叶松第一代无性系种子园种子［登记编号：黑 S－CSO(1)－LG－029－2010］。

2. 种子采收与处理

球果 8 月下旬至 9 月初成熟，成熟后种鳞开裂较快，种子飞散。球果经露天摊晒 3～4 天后，种子即脱出，可风选或筛选。长期贮备种子，需在地下或山间林木种子库贮藏，一般种子含水量达 7%～9% 时，密封在干薄的铁桶中即可。

（二）标准化育苗关键技术

1. 播种育苗技术

（1）育苗地准备　苗圃地应选在地势平坦，水源方便，土壤肥沃的砂质土或砂壤质草甸土上。一般每年秋翻 1 次，深 30 厘米左右，不耙越冬，早春解冻后耙地，或再春翻 1 次，深 20 厘米左右，边翻边耙。做床时要充分打碎土块，拣出草根、石块，使土层细碎疏松。床高10厘米左右，宽1.2米，长10米以上。每亩施有机肥（大粪干:猪粪:绿肥＝1:3:5）7.5吨左右。底肥在翻地前施，表肥在做床时撒在床面上。

（2）种子催芽处理　在11月下旬以后降雪不融时，取出种子，用0.3%～0.5%的硫酸铜液浸种5～10小时，或用0.3%的高锰酸钾洗1遍，再用清水洗种后，混以3倍体积的雪，放置于坑内，混雪种子层下面需垫雪10厘米，上面覆雪10厘米，稍压实后，再覆盖1米厚的稻草。一般在春播前15～20天，除去覆盖物，融雪，取出种子，进行露天混沙或摊晒催芽5～15天，种子约有1/3咧嘴时，即可播种。

（3）播种时期　一般在4月下旬，地表温度10℃以上就可以播种。

（4）播种　播种量依种子质量而定，发芽率50%的，播种量每亩5～6.5千克，发芽率低时，适当加大播种量。播种方法分撒播和条播，条播播幅宽5～8厘米，条间距5～10厘米。播种前苗床要灌足底水。播种后土壤黏重可覆沙。一般覆沙、土、草炭的混合物，则可以不必再盖草。覆土后镇压1次使种子与土壤密结。

（5）苗木培育管理　播种后到幼苗拔出新梢前，灌水要少量多次，经常保持床面湿润，进入高生长期就要增加灌水量，多量少次，保持水分平衡，并开始追施氮肥，每亩总用量30～35千克。6月初至7月初施3次，大约每隔10天1次，第一次50～150克/平方米、第二次250克/平方米、第三次400克/平方米。追肥后要清水洗苗。到8月中、下旬要停止灌水，并及时施磷、钾肥，以促进苗木木质化。磷肥（0.7%～1.5%）每亩1次用量2.5～2.8千克，钾肥（0.5%）每亩1次用量约2千克。一般隔周喷1次，共喷3次。

主要病害有落叶松枯梢病和落叶松落针病，可于6～7月病原菌孢子飞散期用五氯酚钠烟剂熏烟或用百菌清进行飞机喷雾防治。主要虫害有落叶松毛虫和落叶松鞘蛾。在早春落叶松毛虫幼虫上树时或落叶松鞘蛾越冬幼虫开始取食初期，喷洒溴氰菊酯、灭幼脲Ⅲ号等杀虫剂，或用烟剂熏烟均有良好的防治效果。此外，对落叶松毛虫可在卵期释放其天敌赤眼蜂进行防治。同时应注意适地适树，采取营造混交林、合理疏伐等营林措施。

2. 移植苗培育

1 年生兴安落叶松移植苗培育同日本落叶松。

（三）苗木出圃

1. 苗木出圃标准

在黑龙江、辽宁、吉林兴安落叶松 1－1 移植苗的标准为：Ⅰ级苗地径 0.4 厘米以上，苗高 40 厘米以上；Ⅱ级苗地径 0.3～0.4 厘米，苗高 20～40 厘米；Ⅲ级苗地径 0.3 厘米以下，苗高 20 厘米以下。在内蒙古东部、黑龙江北部，1－1 移植苗的标准为：Ⅰ级苗地径 0.35 厘米以上，苗高 25 厘米以上；Ⅱ级苗地径 0.3～0.35 厘米，苗高 18～25 厘米；Ⅲ级苗地径 0.3 厘米以下，苗高 18 厘米以下。

2. 起苗、包装与运输技术要点

同华北落叶松。

（四）育苗年周期管理工作历

北方地区兴安落叶松育苗管理全年工作历

技术要点	时间（月）											
	1	2	3	4	5	6	7	8	9	10	11	12
采种								●	○			
整地做床（垄）				○						●		
施基肥、土壤消毒				○								
播种				●								
播种地覆盖				●	○							
浇水				●	○◎	○◎						
松土除草					○◎	◎	◎					

（续）

技术要点	时间（月）											
	1	2	3	4	5	6	7	8	9	10	11	12
追肥						○	◎					
病虫害防治					◎	○◎						
起苗										◎●	○	

六、长白落叶松

长白落叶松 *Larix olgesis* Henry 属松科落叶松属，别名黄花松（东北地区）。

落叶乔木，高可达 40 米，胸径可达 1 米。球果卵形或卵圆形，长 1.4～4.5 厘米，每球果具种鳞 16～40 枚，种鳞排列较紧密，苞鳞先端不露出。花期 4～5 月，果实 8 月中、下旬至 9 月上旬成熟。

长白落叶松耐严寒，喜湿润，是针叶树种中最喜光的树种之一。分布区内气候寒温多雨，年降水量最大地段可达 1 000 米，一般在 750 米以上。年积温 2 700～2 800℃，湿润度大多在 0.6 以上，土壤系山地棕色森林土和泥炭沼泽土。

长白落叶松是东北林区优良用材林树种，同时也是一个良好的防护林和风景林树种。

（一）种质资源与繁殖材料

1. 优质种质资源的选择

长白落叶松广泛种植于辽宁、吉林和黑龙江部分地区。现有优良种子有：大海林长白落叶松母树林种子（登记编号：龙 S－SS－LO－001－2007）、穆棱长白落叶松母树林种子（登记编号：龙 S－SS－LO－004－2007）、海林长白落叶松种子园种子（登记编号：龙 S－CSO－LO－010－2007）、绥阳长白落叶松母树林种子（登记编号：龙 S－SS－LO－014－2007）、林口长白落叶松种子园种子（登记编号：龙 S－CSO－LO－017－2007）、桦南长白落叶松种子园种子（登记编号：龙 S－CSO－LO－029－2007）、绥阳长白落叶松母树林种子（登记编号：龙 R－SS－LO－001－2007）、东京城长白落叶松母树林种子（登记编号：龙 R－SS－LO－003－2007）、八面通长白落叶松母树林种子（登记编号：龙 R－SS－LO－006－2007）、错海长白落叶松第一代无性系种子园种子（登记编号：黑 S－CSO（1）－LO－006－2010）、孟家岗长白落叶松初级无性系种子园种子（登记编号：黑 S－CSO（0）－LO－007－2010）、青山长白落叶松第一代种子园种子（登记编号：黑 S－CSO（1）－LO－010－2010）、鸡西长白落叶松初级无性系种子园种子（登记编号：黑 S－CSO（0）－LO－016－2010）、渤海长白落叶松初级无性系种子园种子（登记编号：黑S－CSO（0）－LO－012－2010）、太东长白落叶松初级无性系种子园种子（登记编号：黑 S－CSO（0）－LO－013－2010）、梨树长白落叶松初级无性系种子园种子（登记编号：黑 S－CSO（0）－LO－014－2010）、陈家店长白落叶松初级无性系种子园种子（登记编号：黑 S－CSO（0）－LO－018－2010）、鹤岗长白落叶松初级无性系种子园种子（登记编号：黑 S－CSO（0）－LO－019－2010）、永吉长白落叶松第一代种子园种子（登记编号：吉 S－CSO（1）－LO－2007－006）、永吉长白落叶松母树林（登记编号：吉 R－SS－LO－2007－002）。

2. 种子采收与处理

长白落叶松天然林一般在 25 年开始结实，人工林 15 年左右开始结实，采种时选择壮龄母树进行采种。8 月中、下旬种子成熟，9 月初鳞片开裂，种子自然散落，所以一定要在种子飞散前及时采集，采集期 7 天左右。采集后的种子可采用日晒法调制，调制出来的种子，如需长期贮存，可采用低温、密封的贮藏方法。

（二）标准化育苗关键技术

1. 播种育苗技术

（1）育苗地准备　苗圃地应选在地势平坦，水源方便，土壤肥沃的砂质土或砂壤质草甸土上。一般每年秋翻1次，深30厘米左右，不耙越冬，早春解冻后耙地，或再春翻1次，深20厘米左右，边翻边耙。做床时要充分打碎土块，拣出草根、石块，使土层细碎疏松。床高10厘米左右，宽1.2米，长10米以上。每亩施有机肥（大粪干∶猪粪∶绿肥＝1∶3∶5）7.5吨左右。底肥在翻地前施，表肥在做床时撒在床面上。

（2）种子催芽处理　在11月下旬以后降雪不融时，取出种子，用0.3%～0.5%的硫酸铜液浸种5～10小时，或用0.3%的高锰酸钾洗1遍，再用清水洗种后，混以3倍体积的雪，放置于坑内，混雪种子层下面需垫雪10厘米，上面覆雪10厘米，稍压实后，再覆盖1米厚的稻草。一般在春播前15～20天，除去覆盖物，融雪，取出种子，进行露天混沙或摊晒催芽5～15天，种子约有1/3咧嘴时，即可播种。

（3）播种时期　一般在4月20～30日左右，地表温度10℃以上就可以播种。

（4）播种　播种量依种子质量而定，发芽率50%，播种量每亩5～6.5千克，发芽率低时，适当加大播种量。播种方法分撒播和条播，条播播幅宽5～8厘米，条间距5～10厘米。播种前苗床要灌足底水，播种后土壤黏重可覆沙。一般覆沙、土、草炭的混合物，则可以不必再盖草。覆土后镇压1次使种子与土壤密结。

（5）苗木培育管理　播种后到幼苗拔出新梢前，灌水要少量多次，经常保持床面湿润，进入高生长期就要增加灌水量，多量少次，保持水分平衡，并开始追施氮肥，每亩总用量30～35千克。6月初至7月初施3次，大约每隔10天1次，第一次50～

150 克/平方米、第二次 250 克/平方米、第三次 400 克/平方米。追肥后要清水洗苗。到 8 月中、下旬要停止灌水，并及时施磷、钾肥，以促进苗木木质化。磷肥（0.7% ~1.5%）每亩 1 次用量 2.5 ~2.8 千克，钾肥（0.5%）每亩 1 次用量约 2 千克。一般隔周喷 1 次，共喷 3 次。

2. 移植苗培育

移苗密度每平方米为 200 ~ 300 株。

移植时间根据苗木生长的具体情况而定。当 1 年生苗木完全达到木质化，顶芽饱满，生长点明显，全株针叶有 80% 以上落叶时比较适当。具体时间，春季在 4 月下旬，秋季在 10 下旬至 11 月初为宜。

移植前要先用犁深翻地，翻前施腐熟的有机肥每亩 10 立方米以上。用 5% 的甲拌磷和敌克松粉剂混拌，比例为 10∶1。将混合药剂撒在土地上，剂量每亩 20 千克，用以消灭越冬害虫的成虫或卵，同时也能消灭枯枝落叶上的病菌。为保证移植时株行距分布均匀，可根据需要做好一个长 1.1 米、宽 0.1 米、厚 0.02 米的假植板，控制行距为 10 厘米，垂直开沟深 15 ~ 20 厘米，确保不窝根、露根，苗木不倾斜，回土后踏实、栽正。

移后要适时浇水，松土除草，合理追肥，保证苗木健康生长。

（三）苗木出圃

1. 苗木出圃标准

在黑龙江、辽宁、吉林地区。长白落叶松采用 1 – 1 型移植苗造林，其苗木出圃质量标准为：Ⅰ级苗地径 0.5 厘米以上，苗高 40 厘米以上；Ⅱ级苗地径 0.35 ~0.5 厘米，苗高 20 ~40 厘米；Ⅲ级苗地径 0.35 厘米以下，苗高 20 厘米以下。

2. 起苗、包装与运输技术要点

同华北落叶松。

（四）育苗年周期管理工作历

北方地区长白落叶松育苗管理全年工作历

技术要点	时间（月）											
	1	2	3	4	5	6	7	8	9	10	11	12
采种								◎●	○			
整地做床（垄）				○						●		
施基肥、土壤消毒				○								
播种				●								
播种地覆盖				●	○							
浇水				●	○◎	○◎	○	○				
松土除草					○	●						
追肥						○	○	◎				
病虫害防治						◎	◎	◎				
起苗										◎●	○	

七、鱼鳞云杉

鱼鳞云杉 *Picea jezoensis* Carr. var. *microsperma*（Lindl.）Cheng et L. K. Fu 属松科云杉属，又名鱼鳞松、鱼鳞杉。

鱼鳞云杉是常绿乔木，寿命长，树干高大，圆满通直，高可达 40 米。花期 5 ~ 6 月，果期 9 ~ 10 月。

耐荫性树种，浅根性，喜生于土层深厚、湿润、肥沃、排水良好的微酸性棕色森林土壤上，生长发育良好，不耐干旱、瘠薄、盐碱。干燥的瘠薄山地上生长不良或不能生长。能耐低温严寒。

鱼鳞云杉材质优良，是良好的造纸、细木工、制造器具、航空、造纸、建筑用材，是东北林区的重要用材树种。由于其树势挺拔，树姿优美，冠形美观，又是城镇园林绿化的优良树种。

（一）种质资源与繁殖材料

1. 优质种质资源的选择

产于东北小兴安岭南部铁力、带岭、翠峦等地及松花江流域中下游尚志、汤原、勃利等海拔300~800米山坡和丘陵缓坡。

2. 种子采收与处理

9月中旬至10月中、下旬种子成熟，由绿色变为褐色或淡黄褐色，采集的种子经过风选，再进行水选，除去杂质并捞出空粒种子，净度可达80%以上。具体做法见长白落叶松。

（二）标准化育苗关键技术

1. 播种育苗技术

（1）育苗地准备 育苗地宜选在地势平坦、排水良好、土质肥沃、结构疏松的砂壤土上，还要具有一定的灌溉条件，便于管理。鱼鳞云杉苗适于连作或选择前茬为针叶树育苗地育苗。一般采取秋翻春耙。要做到深耕、细耙、耢平、深浅一致，不留生格，整地细致，床面平整，以高床育苗效果好。施足底肥，一般每亩施厩肥1万千克左右，在整地和做床时两次分层施肥，施肥的深度以不超过15~20厘米为宜。有条件时结合施底肥适当增施磷肥，每亩施入过磷酸钙10~15千克。

（2）种子催芽处理 目前，各地鱼鳞云杉种子催芽多采取混雪埋藏、混沙埋藏催芽或温水浸种催芽，其中以混雪埋藏催芽效果最好。

①混雪埋藏。与一般落叶松、樟子松的处理方法相同。具体见长白落叶松。

②混沙埋藏催芽。将种子用40℃左右温水浸种，冷凉后一直浸泡1昼夜，待种子充分吸水后，捞出控干。如系陈贮种子，先用1%氯化钙水溶液浸种1昼夜，用清水冲洗后，捞出控干。然后用湿润的大粒河沙，按种沙体积1∶3混拌均匀，沙子湿度保持在其饱和持水量的60%（即手握成团不出水时），种沙温度保持

在15~20℃，每天翻动1~2次，通过喷洒水、翻动等调整种沙湿度，保持一定温度和通气条件。大约有1/3种子裂嘴时，即应及时播种。

③温水浸种催芽。用30~40℃温水浸种1~2昼夜，每天翻动3~5次，捞出控干，然后，把种子放入木箱中，置于温暖室内，保持种温在23℃左右，为保持一定种子湿度，每天翻动2~3次，同时喷洒温水，上面盖上麻布或草帘，这样，约经5~6天，种子已经裂嘴达到1/3时，即可播种。

（3）播种时期　多采取春播，而且应适期早播。4月中、下旬、地表5厘米处土温达8℃以上时播种。

（4）播种　由于种粒较小，采取高床育苗，宽幅条播，每亩播种量3.5~4千克。播前灌透底水，播后及时覆砂（土）镇压，覆砂（土）不宜过厚，以不见种子为度（0.3~0.5厘米）。经催芽处理的种子播种后7~10天大量发芽出土，一般15~20天可出齐。

（5）苗木培育管理　播种后要经常保持床面湿润，砂壤土的表层土壤湿度一般保持土壤田间持水量的60%，肥沃的砂壤土35%左右，以利于种子萌发、幼苗出土。可采取床面覆草，厚度以稻草单摆不露床面为度，待大部分种子萌发出土后分2次撤出覆草，最后一次撤至苗行间，可防止浇水降雨冲起土粒粘附幼苗形成“土裤子”而且又可防止日灼危害。播种后出苗前喷洒40%（或25%）除草醚2毫升/平方米，间隔25天左右再喷洒1次基本上可控制杂草危害。全年连续喷洒2~3次，每亩用药1.5千克。

在生长期应定期追施化肥（氮、磷肥混合）。在苗期全年可肥3~4次，每亩约追施硫酸铵25千克，过磷酸钙10~15千克。第一次苗木出齐后10~15天；第二次在6月中、下旬；第三次在7月上旬；第四次在7月中、下旬。追肥量可根据苗木生长情况和需肥程度由3~5千克增加到7.5~9.5千克硫酸铵，而磷肥分2次施入，分别为5千克和7.5千克。将肥料稀释成1%浓度的水溶液均匀地喷洒在苗床上。追肥后要及时用清水冲洗苗木以免烧伤苗木茎叶。8 月上旬以后要减少灌溉。

2. 移植苗的培育

鱼鳞云杉 1 年生苗不适宜造林，需进行移植。时间为春季土壤解冻后至苗木萌动前，将苗木按大小分级后分别移到大床，继续培育 1 ~2 年。移栽株行距为 5 厘米 ×15 厘米，要求苗根舒展，严禁窝根露根，埋土踏实，栽后及时灌水。6 月中旬结合灌水每公顷追施尿素 75 ~150 千克，苗木生长期间及时松土、除草。

（三）苗木出圃

1. 苗木出圃标准

鱼鳞云杉采用 2 –2 型移植苗造林，其苗木出圃质量标准为：Ⅰ级苗地径 0. 45 厘米以上，苗高 18 厘米以上；Ⅱ级苗地径 0. 35 ~0. 45 厘米，苗高 15 ~78 厘米；Ⅲ级苗地径 0. 35 厘米以下，苗高 15 厘米以下。产苗量 120 株/平方米。

2. 起苗、包装与运输技术要点

如起苗前土壤干燥需提前灌水，以免伤根。注意保护顶芽。分级包装，以保湿材料将根部包严，枝干外露，贴附标签。运输过程中采取保湿、通风等措施。

（四）育苗年周期管理工作历

北方地区鱼鳞云杉育苗管理全年工作历

技术要点	时间（月）											
	1	2	3	4	5	6	7	8	9	10	11	12
采种									◎●	●		
整地做床（垄）			●	○						●		
施基肥、土壤消毒			●	○								
播种				◎●								
播种地覆盖				●	○							
浇水				●	○◎	○◎	○			●	◎	

（续）

技术要点	时间（月）											
	1	2	3	4	5	6	7	8	9	10	11	12
松土除草					●	◎	◎					
追肥						◎	◎					
病虫害防治					○◎	◎						
起苗										●	○	

八、红皮云杉

红皮云杉 *Picea koraiensis* Nakai 属松科云杉属，别名虎尾松、高丽云杉、白松（东北）。

常绿乔木，高可达 35 米，胸径可达 80 厘米。花期 5 月下旬，9 月下旬球果成熟，10 月下旬种鳞开裂，种子飞散，种子上端有膜质长翅。

红皮云杉为弱耐荫树种，耐全光、耐湿、耐寒，稍呈浅根性，侧根发达。最适生长环境为空气中湿度大，排水良好，土层肥厚的地方。

红皮云杉为东北主要园林绿化树种之一。已大面积用于行道树与庭园绿化，亦可用于街头绿地、林荫路的装饰点缀树种。

（一）种质资源与繁殖材料

1. 优质种质资源的选择

红皮云杉分布于东北小兴安岭、吉林山区海拔 1 400 ~ 1 800 米地带。各地的优良种质资源有：大海林红皮云杉母树林种子（登记编号：龙 S – SS – PKN – 003 – 2007）、穆棱红皮云杉母树林种子（登记编号：龙 S – SS – PKN – 006 – 2007）、林口红皮云杉种子园种子（登记编号：龙 S – CSO – PKN – 018 – 2007）、绥棱红皮云杉母树林种子（登记编号：龙 S – SS – PKN – 023 – 2007）、美溪红皮云杉母树林种子（登记编号：龙 S – SS – PKN – 039 – 2007）、金山屯红皮云杉母树林种子（登记编号：龙 R－SS－PKN－011－2007）、嫩江云杉（登记编号：黑 S－SV－PKN－031－2010）、永吉红皮云杉第一代种子园种子（登记编号：吉 S－CSO（1）－PKN－2007－003）。

2. 种子采收与处理

具体做法同长白落叶松。

（二）标准化育苗关键技术

1. 播种育苗技术

（1）育苗地准备　育苗地应以排水良好的平坦地为宜，土质为疏松的砂壤，并富含有机质，以利根系生长。红皮云杉种粒小，要求整地细致，床面平整。高床或平床。有立枯病的圃地要进行土壤消毒，每平方米可使用 40～60 毫升浓硫酸加 6 千克水喷在床面上。

（2）种子催芽处理

①采用"雪藏法"埋种。具体做法是：先选择一处地下水位低，背荫背风的地方，挖一贮藏坑，其规格为深 80 厘米，长、宽视种子多少而定。坑最好在前一年秋挖好，于 1～2 月间，在坑底铺 10～15 厘米厚的雪，再按 1∶2 或 1∶3 体积比将种子与雪混合，搅拌均匀后放入坑内。装满后，用雪培成丘形，上覆草帘等物。贮藏到播种季节前 1 周左右将种子取出，混以湿沙，在 15℃左右的室温下催芽 4～5 天，沙干时浇水，且每天翻动 1～2 次，当有 20%～30% 的种子裂嘴时，即可播种。

②在没有雪藏处理的情况下，也可以采用快速催芽法，即用 30℃温水浸种 1～2 昼夜，每天搅动 3～4 次，捞出晾晒，种子保持湿润，温度控制在 25℃左右，约 4～5 天即可播种。

（3）播种时期　一般在 4 月下旬播种。

（4）播种　采取不覆土播种法。先按要求做好苗床，不打底水在湿润的床面上用耙搂动，使床面形成平整均匀的条形凸凹面。为了便于播种，播前将种沙混合物中掺入适量干沙，搅拌均匀再播。播种量每亩 3～4 千克，行距 25 厘米，播幅宽 5～7 厘米，播种时，要做到随播种，随镇压（木磙）、覆帘和浇水，使种子与土壤紧密接触。在苗木出齐之前，始终要勤浇水，本着“少量多次”的原则，始终保持床面湿润。

（5）苗木培育管理　在出苗达 60% 以上时，撤去苇帘，使苗木全受光照，若不遇高温干旱，可一直进行全光育苗，这样比长期遮荫效果好，可使苗木粗壮、根系发达、抗灾力强。为防止晚霜冻害，在冷空气到来之前要浇水，以提高土壤热容量。若发生冻害，可在太阳出来之前浇水，使苗木形成冰柱，再逐渐融化，即可解除冻害。在苗木生长期内，要本着“少量多次”的原则，定时定量浇水，尤其在气候干旱时，不可浇“跑马水”。苗木出齐后，要及时进行松土除草，以免杂草争水肥，促进苗木生长。

在防治病虫害方面，采取调节生态环境、制约病虫害蔓延的方法，除了进行种子消毒之外，平时严防将非传染性生态因子引起的灾害误认为是病原菌传染所致；对侵染性病害应以调节水、肥、气、热、光等生态因子加以解决，防止化学药剂污染环境，这样可使苗木发育良好，具有较强的抗病虫害能力。

2. 移植苗培育

红皮云杉幼苗生长缓慢，1 年生苗苗高仅 2～4 厘米，2 年生约 6～8 厘米，如果用于造林则需要移植，移植时间一般为春季土壤解冻后至苗木萌动前。移植时将苗木按大小分级后分别移到大床，继续培育 1～2 年。移栽株行距为 5 厘米 ×20 厘米，要求苗根舒展，严禁窝根露根，埋土踏实，栽后及时灌水。6 月中旬结合灌水每公顷追施尿素 75～150 千克，苗木生长期间及时松土、除草。

（三）苗木出圃

1. 苗木出圃标准

红皮云杉一般适合在内蒙古、辽宁、吉林、黑龙江等地造林，而该树种生长速度很慢，造林一般应用2－2移植苗，其苗木出圃质量标准为：Ⅰ级苗地径0.45厘米以上，苗高18厘米以上；Ⅱ级苗地径0.35～0.45厘米，苗高15～78厘米；Ⅲ级苗地径0.35厘米以下，苗高15厘米以下。

2.起苗、包装与运输技术要点

起苗注意保护根系、顶芽和侧枝。分级包装，以保湿材料将根部包严，贴附标签。运输过程中采取保湿、通风等措施。

（四）育苗年周期管理工作历

北方地区红皮云杉育苗管理全年工作历

技术要点	时间（月）											
	1	2	3	4	5	6	7	8	9	10	11	12
采种									●	○		
整地做床（垄）				○						●		
施基肥、土壤消毒				○								
播种				●								
播种地覆盖				●	○							
浇水				●	○◎	○◎	○	○				
松土除草					○	●						
追肥						○	○	◎				
病虫害防治						◎	◎	◎				
起苗										◎●	○	

九、青海云杉

青海云杉 *Picea crassifolia* Kom. 属松科云杉属，别名泡松。

常绿针叶乔木，高可达20米。球果圆锥状，幼球果紫红色，直立，成熟时褐色。种子倒卵形，褐色，具翅。花期5月，球果9月成熟。

生长缓慢，适应性强，可耐－30℃低温。耐旱，耐瘠薄，喜中性土壤，忌水涝，幼树耐荫，浅根性树种，抗风力差。喜寒冷潮湿环境，生于海拔 1 750 ~ 3 100 米的山地阴坡、半阴坡及潮湿谷地。

为高山区重要森林更新树种和荒山造林树种，亦可作为庭园观赏树种。木材可供建筑、家具及纤维工业原料用材。另外还适于在园林中孤植、群植，常作为庭园绿化树种、园林景观树种。

（一）种质资源与繁殖材料

1. 优质种质资源的选择

祁连山东段，青海湖周围，柴达木盆地东部边缘，以及与四川、西藏相邻的青南高山地区都有成片的青海云杉林。甘肃发布良种包括：青海云杉（祁连山）种子园种子（编号：甘 S – CSO – PC – 02 – 2007）、青海云杉（天祝）母树林种子（编号：甘 S – SS – PC – 03 – 2007）。现有国家级良种基地有两处，即：甘肃张掖市龙渠国家青海云杉、祁连圆柏良种基地，青海大通县东峡林场国家青海云杉良种基地。

2. 种子采收与处理

青海云杉的种子年约 4 年一个周期，10 月份采种，每 100 千克球果可出种子 2 ~ 3 千克。采后种子要进行风选或水选。

（二）标准化育苗关键技术

1. 播种育苗技术

(1) 育苗地准备　选择土壤质地较高的砂质地和轻黏壤土的圃地，于上年秋季深翻至 30 厘米，并捡净草根、石块。结合整地每亩施用硫酸亚铁 20 千克、甲基异硫磷 1.5 千克进行土壤处理。苗床采用平床，床宽 2.5 米、长 20 米，埂宽 30 厘米、高 30 厘米，要求床面平整。每亩施用腐熟羊粪 5 000 千克，磷肥 60 千克，均匀施入床面后深翻 30 厘米，床做好后充分灌水，待床土干致不粘工具时，细致浅翻耕，达到床面平整，土壤疏松、细碎。

(2) 种子催芽处理　一般种子在播种前 10 ~ 15 天进行催芽处理，用 30 ~ 40℃ 的温水浸泡 1 ~ 2 昼夜，水选种子，去除秕种等杂物，用0.5%的硫酸铜溶液浸种30分钟，冲洗数次，然后混沙堆放催芽，注意每天搅拌数次，待30%左右的种子露白后，即可播种。

（3）播种时期　以春播为主，以4月下旬至5月上旬为宜。冬季积雪较多的地方也可秋播，要在土壤结冻以前完成。

（4）播种　采用条播方式，按播幅15厘米、行距10厘米开沟播种，要求开沟平整均匀，沟深1厘米，将处理好的种子均匀撒入沟内，用消毒过筛后的腐殖土和细沙按1∶3的比例拌匀后覆盖。覆土厚度1厘米，然后用木磙适当压实，使种子与土壤充分密接，播种量为每亩15～20千克。

（5）苗木培育管理　播后立即用消过毒的芨芨草覆盖苗床，并及时洒水，保持苗床适宜的温度和湿度，待大部分幼苗出土后，分批撤除覆盖物，并在撤除覆盖前架起荫棚，荫棚离地面1.5米，其透光度30%～40%较好。及时拔草，在彻底把草除干净的同时要保护苗木，不得使根系受损。还要根据天气变化情况采用熏烟、灌水或覆盖的方法积极预防霜冻，做好越冬管理。可在10月中旬用消过毒的草帘进行覆盖。翌年4月下旬，野草返青时，揭帘去草。应先揭帘4～5天后，再分2次去掉覆草，第二次去草宁迟勿早，以防春寒。

青海云杉苗易染立枯病，故苗木出土后，要每隔7天喷施1次0.5%波尔多液或浓度为0.3%的硫酸亚铁溶液，或用1 000倍液敌克松喷雾，灌根每亩900克，要持续2～3个月，灌后用清水喷雾，以利药液渗透至苗木根部，硫酸亚铁喷雾后30分钟内必须用清水洗净苗木上的药液，以免发生药害。

2. 移植苗培育

云杉苗的移植期一般在春季土壤解冻后苗木开始萌发前进行。

移苗之前要整地并施足底肥。第一次移植的苗木用2年生播种苗，在苗圃里再培育2～3年即可用于造林，此时的移栽的株行距为 5 厘米 ×15 厘米。如要培育云杉大苗，则株行距可选为 50 厘米 ×50 厘米。

幼苗移植后及时浇水，待土壤表层开裂时及时松土。其他抚育管理同播种苗。要特别指出的是，应定时浇水和追肥，保证移苗体内水分平衡，满足苗木生长的营养需求。浇水要依照天气变化及土地的墒情进行。

（三）苗木出圃

1. 苗木出圃标准

青海云杉幼苗生长速度极慢，一般以 2－4 型移植苗出圃造林，其苗木质量规格标准为：Ⅰ级苗地径 0.6 厘米以上，苗高 25 厘米以上；Ⅱ级苗地径 0.35～0.6 厘米，苗高 15～25 厘米；Ⅲ级苗地径 0.35 厘米以下，苗高 15 厘米以下。该标准仅适用于青海、甘肃地区。

2. 起苗、包装与运输技术要点

起苗过程中注意保护根系、顶芽和侧枝。分级包装，以保湿材料将根部包严，贴附标签。运输过程中采取保湿、通风等措施。严防风吹、日晒和重压。

（四）育苗年周期管理工作历

北方地区青海云杉育苗管理全年工作历

技术要点	时间（月）											
	1	2	3	4	5	6	7	8	9	10	11	12
采种										◎●		
整地做床（垄）				○						●		
施基肥、土壤消毒				○								
播种				●	○							
播种地覆盖				●	○							
浇水				●	○◎	○◎	◎					
松土除草						○◎	◎					

（续）

技术要点	时间（月）											
	1	2	3	4	5	6	7	8	9	10	11	12
追肥						○◎	◎					
病虫害防治						○◎	◎					
起苗										●	○	

十、青杄

青杄 *Picea wilsonii* Mast 属松科云杉属，别名白杄云杉、细叶云杉、魏氏云杉、刺儿松。

常绿乔木，树高可达 50 米，胸径 1.3 米。花期 4 月，球果 10～11 月成熟。

幼树耐荫，渐喜光，喜气候冷凉湿润、土层深厚及排水良好的微酸性、中性土壤。耐寒，尚耐瘠薄，忌高温干旱、水涝及盐碱土。根系浅，抗风力差，不宜修剪。在年均气温 6～9℃，年均降水量 800～900 毫米，相对湿度 70% 以上的地段生长良好。

木材淡黄白色，较轻软，纹理直而较粗，可供建筑、家具等用。树形美，为庭园绿化之良种。

（一）种质资源与繁殖材料

1. 优质种质资源的选择

自然分布于我国西北、西南的高山地区，河北、山西、陕西、湖北、甘肃、青海、内蒙古、四川均有天然生长。各地用种应考虑就近用种原则。

2. 种子采收与处理

10～11 月球果由绿变为栗褐色，种子即已成熟，应及时采集。一般树冠上部和外围着生的球果，种子质量较高。球果采回后用曝晒法进行脱粒。如遇连阴雨天，可用火炕加热后脱粒。一般出种率约 3%～5%，种子纯度 50%～70%，千粒重 3.6～4.6 克，发芽率 20%～40%。净种后的种子可装入麻袋、塑料袋或密封容器内，放在通风、干燥、凉爽的室内进行低温贮藏。

（二）标准化育苗关键技术

1. 播种育苗技术

（1）育苗地准备 为保证幼苗良好生长，宜选择交通方便，地形开阔，海拔较低的阳坡或半阳坡，土层厚度在30厘米以上且具排灌条件的缓坡地进行育苗。

前一年秋季土壤冻结前和翌年春季土壤解冻后，分别翻耕1次，深度为25～30厘米，要求做到“细、深、透、平、实”。缓坡地应顺山筑床，床面宽1米左右、长10米左右。干旱地区可修成平床；少雨地区宜采用矮床，床高8～10厘米；多雨地区宜采用高床，床高15～20厘米。

（2）种子催芽处理 播种前先风选去翅，再水选除杂，然后进行催芽处理。其方法是：将种子在温水中浸泡4小时，再用冷水浸泡20小时，捞出后摊开晾晒即可。也可采用浓度为1克/升的硫酸铜溶液浸泡30分钟后，再转入冷水中浸泡3小时，捞出晾干后播种。

（3）播种时期 播种时间以4月中、下旬为宜。

（4）播种 播种前施土杂粪肥45 000千克/公顷和五氯硝基苯45～52.5千克/公顷，高山林区还应加施过磷酸钙75～120千克/公顷。采用宽幅条播法，播幅宽10米，覆土厚0.6～1.0厘米，播种量为每亩15千克左右。

（5）苗木培育管理 一般播种后15～20天即可出苗，期间应注意预防病害和鸟兽危害，加强水分管理，并及时搭设荫棚。幼苗出土时，可用800～1 000倍的退菌特和浓度为5克/升的硫酸亚铁溶液进行保护，一般每10天喷药1次，两种药剂交替喷洒。生长期间要及时松土、除草并施肥、灌水。其中前期以磷肥为主，每公顷用量45～75千克；后期应重施钾肥。注意适时间苗，播种当年每公顷可留苗150万～300万株。1年生幼苗木质化程度低，抗寒性弱，应在土壤结冻前做好防寒保护。

为了预防苗木立枯病，播种时施入敌克松 15～22.5 千克/公顷，或苏农 6401 22.5～45 千克/公顷，施用时将农药与 30～40 倍的细干土混合成药土再使用；发病时可于晴天淋洒敌克松 500～800 倍液，或苏农 6401 可湿性粉剂 800～1 000 倍液，也可喷洒浓度为 10～30 克/升的硫酸亚铁溶液，以淋湿床面表土层为度。对于云杉枯梢病，发病期间可喷洒 1∶1∶150 的波尔多液进行防治。

2. 移植苗培育

春季土壤解冻后至苗木萌动前，将苗木按大小分级后分别移到大床，继续培育 1～2 年。移栽株行距为 5 厘米×20 厘米，要求苗根舒展，严禁窝根、露根，埋土踏实，栽后及时灌水。6 月中旬结合灌水每公顷追施尿素 75～150 千克，苗木生长期间及时松土、除草。

（三）苗木出圃

1. 苗木出圃标准

在河北、北京地区，青杆以 2－2 型移植苗出圃。出圃苗质量标准：Ⅰ级苗地径 0.45 厘米，苗高 20 厘米；Ⅱ级苗地径 0.3～0.45 厘米，苗高 15～20 厘米；Ⅲ级苗地径 0.3 厘米、苗高 15 厘米以下。出苗量 200 株/平方米。

2. 起苗、包装与运输技术要点

同红皮云杉。

（四）育苗年周期管理工作历

北方地区青杆育苗管理全年工作历

技术要点	时间（月）											
	1	2	3	4	5	6	7	8	9	10	11	12
采种										●	○◎	
整地做床（垄）			●	○						●		

（续）

技术要点	时间（月）											
	1	2	3	4	5	6	7	8	9	10	11	12
施基肥、土壤消毒			●									
播种				◎●								
播种地覆盖				◎●	○							
浇水				◎●	○◎	○◎	◎					
松土除草					◎	◎	◎					
追肥						◎	◎					
病虫害防治					◎	◎	◎					
起苗										◎●	○	

十一、白杆

白杆 *Picea meyeri* Rwhd. et Wils 属松科云杉属，别名红杆、白儿松、红杆云杉。

常绿乔木，高约 30 米，胸径约 60 厘米；花期 4 月，球果 9 月下旬至 10 月上旬成熟。

白杆耐荫、耐寒，喜凉爽湿润的气候和肥沃深厚、排水良好的微酸性砂质土壤。生长缓慢，浅根性树种，喜生于中性和微酸性土壤，也能适应微碱性土壤。

木材黄白色，较轻软，纹理直而细。可供建筑、家具、电杆等用。树形优美，叶表的气孔线极明显，如白霜，为优良观赏树种。

（一）种质资源与繁殖材料

1. 优质种质资源的选择

白杆为中国特有树种，以山西五台山、管涔山、关帝山、河北小五台山、雾灵山的种源为优。

2. 种子采收与处理

球果 10 月成熟，球果由绿色转为黄褐色、栗褐色即应开始采收。采集后，一般用曝晒法处理脱粒，阴雨过多时，可用火炕处理，炕面温度保持在25~30℃，注意翻动，以免烤伤种子。出种率3%~5%。种子用密封容器或塑料袋低温贮藏较好，贮藏室要通风、干燥、凉爽。贮藏室内壁、盛种器以及种子需严格消毒，可用0.5%福尔马林液防治病菌，用石灰-煤油乳剂涂刷板壁防治害虫。

（二）标准化育苗关键技术

1. 播种育苗技术

（1）*育苗地准备* 圃地以地形开阔、海拔较低的阳坡或半阳坡，含石量少、土层深在30厘米以上的壤土且有排灌条件的缓坡地为宜。整地一般进行3次，第一次在前一年土壤结冻前，第二次在翌年春季土壤解冻后，播种前结合施基肥与化学除莠剂及土壤消毒再整地1次。整地深度25~30厘米，黏性土适当加深。整地必须做到“细、深、透、平、实”。多雨地区宜用高床，床高15~20厘米，较干旱处宜作平床，床宽1.1米，长10米，步道0.5米。做床时要重施基肥。每亩200千克有机肥。高山地区还要增施磷肥，每亩5~8千克过磷酸钙。施肥深度以不超过15厘米为宜，土壤、肥料均应消毒，可用五氯硝基苯3~3.5千克/亩进行消毒。

（2）*种子催芽处理* 需要短期低温层积，一般经过45℃始温浸种24小时后，用0.5%高锰酸钾溶液浸泡0.5~1.0小时，再用清水冲洗。然后堆放在室内，用麻袋盖上，保持种子湿润，进行催芽。待种子裂嘴吐白即可播种。

（3）*播种时期* 约在4月上旬至5月上旬播种。

（4）*播种* 由于苗木自然死亡率较高，宜适当密播。撒播，每亩播种量7~9千克，拌沙覆土0.3~0.6厘米，盖草或薄膜；条播，条向东西，条宽10厘米，条间距20厘米，覆土厚度0.5~1.0厘米，覆土最好是经过筛或消毒的深林土。每亩播种量15~

20千克，播后稍加镇压，立即用竹帘或麦秸覆盖，半个月左右幼苗出土。

（5）苗木培育管理 当种子发芽出土60%以上时，要分次撤除覆盖物。撤草应在阴天或晴天傍晚进行；在年降水量低于900毫米，夏季地表温度超过45℃的地区，幼苗需适当遮荫，搭荫棚高40～50厘米，透光度0.25～0.5。此外，寒霜来临前要搭霜棚，翌年春季晚霜结束后撤除。播后幼芽出土前，使用0.5%～1.0%扑草净药液喷洒床面，每亩每次0.4～0.5千克；苗木生长期要适时适量追肥，追肥以化肥为主，也可用腐熟人粪尿或厩肥汁。前期可用1%尿素液或铵态、硝态氮肥液，生长高峰期用磷酸二铵水肥，苗木封顶前追施1次磷酸二氢钾；11月中旬要揭掉竹帘，覆以麦草，覆草厚度以盖住幼苗为度，而后将竹帘盖上。翌年3月中、下旬，逐渐揭帘去草。第二年尚需适当遮荫，但越冬不再防寒。

幼苗易感染立枯病，故苗木出土后每7～10天，喷洒1次0.5%的波尔多液或0.5%硫酸亚铁溶液，也可用800～1 000倍退菌特液喷洒，要持续2～3个月；防止因发生机械伤口而产生枯梢病，发病初期喷洒1:1:50的波尔多液；锈病危害球果，要摘除病果烧掉，危害针叶的，可喷洒0.5%敌锈钠溶液防治。修枝留桩过长或刀口不平易发生松梢螟危害，可在树梢上喷洒乐果乳油400倍液，或50%杀螟松乳油500倍液，10天1次，连续2次。

2. 移植苗培育

白杄为侧根较发达的须根系树种，生长缓慢。通过移植能培养出根系发达、苗干粗壮的优质苗木，造林成活率高。所以，优质白杄苗的培育，必须进行移植。第一次移植的苗木用2年生播种苗，在苗圃里再培育2～3年即可用于造林，此时的移栽的株行距为5厘米×15厘米。如要培育大苗，则株行距可选为50厘米×50厘米。白杄苗的移植期一般在春季土壤解冻后苗木开始萌发前进行。

（三）苗木出圃

1. 苗木出圃标准

在山西、河北、北京地区，以 2－2 型移植苗出圃造林。出圃苗质量标准：Ⅰ级苗地径 0.45 厘米以上，苗高 20 厘米以上；Ⅱ级苗地径 0.3～0.45 厘米，苗高 15～20 厘米；Ⅲ级苗地径 0.3 厘米，苗高 15 厘米以下。出圃产量为 200 株/平方米。

2. 起苗、包装与运输技术要点

同红皮云杉。

（四）育苗年周期管理工作历

北方地区白杆育苗管理全年工作历

技术要点	时间（月）											
	1	2	3	4	5	6	7	8	9	10	11	12
采种										◎●		
整地做床（垄）				○◎						●		
施基肥、土壤消毒				○◎								
播种				●	○							
播种地覆盖				●	○							
浇水				●	○	○◎	◎					
松土除草					◎	◎	◎					
追肥						◎	◎					
病虫害防治					◎	◎	◎	◎				
起苗										◎●		

十二、华山松

华山松 *Pinus armandii* Franch. 属松科松属，别名葫芦松、五须松、果松、小黄松等。

常绿乔木，高可达 35 米，胸径 1 米。球果圆锥状长卵形，长 10～20 厘米，柄长 2～5 厘米，成熟时种鳞张开，种子脱落。种子无翅或近无翅，花期4～5月，球果翌年9～10月成熟。

喜光树种，但幼苗略喜一定庇荫。喜温凉、湿润气候，自然分布区年平均气温多在15℃以下，年降水量600～1 500毫米，年平均相对湿度大于70%。耐寒力强，在其分布区北部，甚至可耐-31℃的绝对低温。不耐炎热，在高温季节较长的地方生长不良。喜排水良好的土壤，能适应多种土壤，最宜深厚、湿润、疏松的中性或微酸性壤土，不耐盐碱土。

华山松是重要的观赏树，也是建筑、家具及木纤维工业原料等优良用材树种。

（一）种质资源与繁殖材料

1. 优质种质资源的选择

在云南曲靖地区海寨林场及大理白族自治州巍山县五里坡林场均已区划建立了华山松的母树林。国家级华山松良种基地有：贵州威宁县国家华山松良种基地，贵州平坝县国家华山松良种基地。

2. 种子采收与处理

华山松果实由绿色变为绿褐色或黄褐色时成熟。球果成熟以后，果鳞白粉增加，先端鳞片微裂，种子变为黑褐色，之后陆续散落，应及时采收。球果采回后，先堆放5～7天，再摊开晒3～4天，敲打后种子即可脱出。取出的种子要及时水选，剔除空粒和杂物，阴干后装入麻袋贮藏在阴凉通风的地方。

（二）标准化育苗关键技术

1. 播种育苗技术

（1）育苗地准备　应选择土壤疏松，微酸，排水良好的砂壤土为宜，忌盐渍土。近期撂荒地以及前茬为玉米、棉花、豆类、马铃薯等农作物和蔬菜的地方，一般不宜作华山松育苗地。最好选以前作为松树、云杉等针叶树或杨柳科、壳斗科树种的育苗地。林区降水量多的地方可筑高床，结合整地每亩施基肥2 000～

2 500 千克。

（2）种子催芽处理 未经处理的华山松种子，一般播后要经过 3～4 周才能发芽出土。为了加速发芽，减少发芽期的损失及管理费用，通常在播前进行催芽处理。常用的方法有以下几种：①冷水浸种 3～7 天（浸种期间要换水），浸后用石灰拌种，预防猝倒病，并促进苗期生长；②冷水浸种 2～3 天后，按 1∶3 比例与马粪掺混、堆积，表面用草覆盖，经常洒水，约 2 周后种皮开裂，即可播种；③温水浸种，50～60℃水浸种至自然冷却；④河沟流水中浸种至种子个别裂嘴后播种；⑤种子混沙层积催芽 7～10 天，每 12 小时用 50～60℃温水浇喷 1 次即可加速催芽。注意催芽应注意种皮开裂度，不要使芽过长。

（3）播种时期 我国北方秦岭一带一般在 4 月上、中旬播种，甘肃高寒地区在 4 月下旬至 5 月上旬播种。

（4）播种 华山松育苗采用条播、撒播方法均可，以条播为主。条距 20 厘米，播幅 5～7 厘米，覆土厚 2～3 厘米。此外，亦可撒播。每亩播种量 100～125 千克，1 年生苗产量 20 万～25 万株。最好用火烧土盖种，播后覆草。幼苗出土前要应保持土壤湿润并搭棚遮荫。

（5）苗木培育管理 幼苗出土前要注意保持土壤湿度，出苗后要及时撤除覆盖物。要防止鸟害和鼠害。松土除草同一般育苗技术要求，山地临时苗圃育苗通常不施追肥。幼苗出土后 1～2 个月内，易感染猝倒病，除采取预防措施外，可以隔 10 天喷等量式波尔多液或喷 0.5%～1.5% 硫酸亚铁溶液。喷药时要注意喷在苗茎下部，并使表土喷湿，以消灭土内病菌。

松瘤病、叶枯病可剪除重病枝，喷洒 65% 可湿性福美铁或福美锌的 300 倍液。华山松大小蠹、油松毛虫可用 50% 敌敌畏乳剂 1 000～1 500 倍液喷杀。松梢螟可用 25% 乙酰甲胺磷乳油或 50% 杀螟松 300 倍液喷杀。松叶蜂可用敌百虫或马拉松 1 000～1 500 倍液喷杀防治。

2. 移植苗培育

移植密度可根据培养大苗的规格及培养年限而定，选择2年生苗木进行第一次移栽，株行距为10厘米×20厘米。待5年后进行第二次移植，株行距为20厘米×60厘米。

移植可在早春土壤解冻后进行。移植育苗地要全面深翻，结合翻耕，施足基肥。苗木移栽前，对过长根系要适当修剪。栽植时根系要舒展，深度应以根颈平地为宜或稍高出地面，切忌栽植过深。栽后踏实，浇足定根水，覆土保墒，大苗还要注意扶正、踏实和培土。

（三）苗木出圃

1. 苗木出圃标准

在陕西南部育苗，以2－0型播种苗出圃造林。苗木质量标准：Ⅰ级苗地径0.4厘米以上，苗高20厘米以上；Ⅱ级苗地径0.3～0.4厘米，苗高15～20厘米；Ⅲ级苗地径0.3厘米以下，苗高15厘米以下。

2. 起苗、包装与运输技术要点

起苗应以少伤根为原则，忌大风天起苗，要边起苗、边捡、边假植，要注意保护顶芽。分级包装，根间加填苔藓等湿润物，将苗木卷成捆。外附标签。长距离运输以冷藏车为好，如无此条件，要经常检查车内温、湿度。

（四）育苗年周期管理工作历

北方地区华山松育苗管理全年工作历

技术要点	时间（月）											
	1	2	3	4	5	6	7	8	9	10	11	12
采种									◎	◎●		
整地做床（垄）			●	○						●		
施基肥、土壤消毒			●									
播种				○◎								

（续）

技术要点	时间（月）											
	1	2	3	4	5	6	7	8	9	10	11	12
播种地覆盖				○◎								
浇水				◎●	○◎	○◎				●	◎	
松土除草				◎●	○◎	◎	◎					
追肥				●	◎	◎	◎					
病虫害防治					○◎							
起苗										◎●		

十三、红松

红松 *Pinus koraiensis* Sieb. et Zucc. 属松科松属，别名果松、海松、朝鲜五针松。

常绿针叶乔木，高可达 25~30 米。球果圆锥状卵形，长 9~14 厘米，径 6~8 厘米，种子大，倒卵状三角形；雌雄同株异花，花期 6 月，球果翌年 9~10 月成熟。

该树种喜光性强，随树龄增长需光量逐渐增大。要求温和凉爽的气候，耐寒力强，喜湿润、土层深厚、肥沃、排水和通气良好的微酸性土壤。在土壤 pH 值 5.5~6.5 的山坡地带生长好。红松对土壤水分要求较严，对土壤的排水和通气状况反应敏感，不耐湿，不耐干旱，不耐盐碱。红松是浅根性树种，主根不发达，侧根水平扩展十分发达。红松幼年时期生长缓慢，后期生长速度显著加快，而且在一定时期内能维持较大的生长量。

红松是名贵而又稀有的树种，在我国只分布在东北的长白山到小兴安岭一带。东北的黑龙江省伊春市有“祖国林都”和“红松故乡”的美誉。

红松材质轻软，不易变形，耐腐能力强，适用于建筑、桥梁、枕木、家具制作等。红松种子也可食用。

（一）种质资源与繁殖材料

1. 优质种质资源的选择

红松的优良种子很多，目前各地发布的主要品种有：大海林红松母树林种子（登记编号：龙S－SS－PKS－002－2007）、穆棱红松母树林种子（登记编号：龙S－SS－PKS－005－2007）、海林红松种子园种子（登记编号：龙S－CSO－PKS－009－2007）、绥阳红松母树林种子（登记编号：龙S－SS－PKS－013－2007）、林口红松种子园种子（登记编号：龙S－CSO－PKS－016－2007）、柴河红松母树林种子（登记编号：龙S－SS－PKS－020－2007）、东京城红松母树林种子（登记编号：龙S－SS－PKS－021－2007）、绥棱红松母树林种子（登记编号：龙S－SS－PKS－022－2007）、绥棱红松种子园种子（登记编号：龙S－CSO－PKS－024－2007）、苇河青山红松种子园种子（登记编号：龙S－CSO－PKS－026－2007）、沾河红松母树林种子（登记编号：龙S－SS－PKS－027－2007）、东方红红松母树林种子（登记编号：龙S－SS－PKS－028－2007）、鹤北红松母树林种子（登记编号：龙S－SS－PKS－030－2007）、友好人工红松母树林种子（登记编号：龙S－SS－PKS－031－2007）、汤旺河红松母树林种子（登记编号：龙S－SS－PKS－033－2007）、朗乡红松母树林种子（登记编号：龙S－SS－PKS－034－2007）、五营红松母树林种子（登记编号：龙S－SS－PKS－035－2007）、红星红松母树林种子（登记编号：龙S－SS－PKS－036－2007）、铁力红松种子园种子（登记编号：龙S－CSO－PKS－037－2007）、南岔红松种子园种子（登记编号：龙S－CSO－PKS－038－2007）、新青红松母树林种子（登记编号：龙S－SS－PKN－040－2007）、绥阳红松母树林种子（登记编号：龙R－SS－PKS－002－2007）、大海林红松母树林种子（登记编号：龙R－SS－PKS－004－2007）、八面通红松母树林种子（登记编号：龙R－SS－PKS－005－2007）、桦南红松母树林种子

（登记编号：龙 R－SS－PKS－010－2007）、桶子沟红松天然母树林种子（登记编号：黑 S－SS－PKS－022－2010）、大亮子河红松天然母树林种子（登记编号：黑 S－SS－PKS－023－2010）、胜山红松天然母树林种子（登记编号：黑 S－SS－PKS－024－2010）、江源红松母树林种子（登记编号：吉 S－SS－PKS－2007－008）、红松吉林市林科院基因库种子（吉 S－SC－PKS－2007－014）、临江红松第一代种子园种子（登记编号：吉 S－SC－RCS－2007－017）。

2. 种子采收与处理

红松球果的成熟期为 9 月至 10 月上旬。当球果由绿色变为黄绿色，部分种鳞开裂时，为果初熟期。当种鳞逐渐变黄，并有个别球果开始脱落时，为果成熟期，这时即可采种。采种常从地面收集。

采收后的球果应放在通风干燥的地方，以防发热影响种子质量。后熟几天后，当多数球果鳞片分离时，即可进行脱粒。脱粒后，立即水选和晾晒种子，再经筛除种子杂质，当种子含水量降到 9% 时，装入铁桶内密封，然后在通风、干燥，温度保持在 4℃ 以下的种子库和地下室内贮藏。

（二）标准化育苗关键技术

1. 播种育苗技术

（1）育苗地准备　苗圃地应选择在地势平坦，土壤肥沃，结构疏松，排水通气良好，表土层厚度 20 厘米以上的地方。秋季作业结束后进行 1 次深翻，翌春进行 1 次浅翻。播种前要施基肥，所用基肥必须经过堆沤充分腐熟、搅拌后使用。另外为了预防松苗立枯病，每公顷用 70% 的五氯硝基苯 15 千克加土 225 千克制成药土，在播前 1～2 天撒到苗床上进行消毒。

（2）种子催芽处理　红松种壳坚厚，不易透水和通气，且含有发芽抑制剂以至于种胚发芽较困难，所以在播种前必须进行催芽。常用的催芽方法有：露天越冬埋藏法、快速催芽法、室内自然温度堆积法。

①露天越冬埋藏法。可在播种前一年的春季或冬季，将种子放入冷水中浸泡 2 ~ 3 天后捞出，然后均匀地将种子与 2 ~ 3 倍（体积）的湿沙（含水量以手握能捏成团，而不出水为度）混合后下窖。窖应选在排水良好、地势较高，而且干燥的地方。窖深 1. 2 ~ 1. 5 米，宽 1. 2 ~ 2 米，窖长依种子数量而定。窖周围应设有排水沟。当种子距离地面 20 ~ 30 厘米时，再盖上一层沙子直至地面，在窖顶上再堆一个 1 米高的土丘，窖内每隔 2 ~ 3 米远处设一个通风孔。

②快速催芽法。在播种前 40 天左右，用 50℃ 热水浸种，并充分搅动，直至水温下降到 30℃ 左右，经 24 小时后，再换上凉水，以后每隔 1 ~ 2 天换凉水 1 次，浸 7 ~ 10 天。当种仁变成乳白色时，将种子捞出，均匀地将种子与 2 ~ 3 倍湿沙混合，放在背风向阳的地方摊晒。每晚将种子堆成堆，盖上草帘，第二天再摊开，用塑料薄膜罩上可加速催芽。

③室内自然室温堆积法。在 8 月中、下旬，将红松种子浸水 1 ~ 2 日后，混沙约 2 倍，保持约 60% 的湿度，隔日翻动 1 次，干时浇水。

以上三种催芽方法，当种子有 30% ~ 50% 裂嘴时，或胚已转为黄绿色，即为催芽良好，可用于播种。

（3）播种时期　红松播种以春播为好，当地下 5 厘米处的土壤温度达到 8 ~ 13℃，气温上升到 15℃ 以上即为适合播种时期。东北多数地区一般在 4 月末到 5 月上旬播种。

（4）播种　播种方法有条播和撒播 2 种方式。条播的播幅宽 10 厘米，播幅间距以 10 厘米为好，播种后镇压床面使种子与土壤充分接触，再覆盖种粒两倍厚的沙子或锯末，并再镇压 1 次。一般天然林种子每公顷播 2 625 千克，人工林种子每公顷播 3 500 千克。

(5) 苗木培育管理　种子发芽期间，要采取少量多次的灌水方式，苗出齐后的生长期，灌水量要增多，次数可减少。在幼苗脱壳前要做好防鸟工作。播种后按 1 克/平方米的量喷 40% 除草醚乳粉，再经过 40 天左右，进行第二次喷药。第二次喷药前，一定要将残存的大草拔净，及时松土铲趟。5 月上旬追肥，以氮肥为主。冬季在土壤结冻前，将步道上的土打碎，压在苗床上，先覆在苗茎部，再将苗向一边倾倒并压土，厚约 10 厘米，以不见苗叶为度，并要轻轻压紧，使其不透风，当春季土壤结冻深度达到 10 厘米以上时将土撤除，再浇水冲洗 1 次。

当幼林郁闭后，要及时修枝和间伐，改善林内卫生状况，以防止红松疱锈病；苗期可施用 30% 的苏化 911 乳油 300 ~ 500 倍液或 1∶1∶200 的波尔多液防治松苗立枯病；要注意防止冻拔害产生的根朽病，幼林的病株要连根挖除烧掉；常见的虫害有红松球蚜、松梢象虫，分别用 40% 的乐果乳剂 800 ~ 1 000 倍液和 100 倍液喷施。

2. 移植苗培育

红松苗生长缓慢，在圃地留植 3 ~ 5 年才能上山造林。为增加根系数量，提高其造林成活率，对 2 年生苗木进行移植。

移苗株行距 7.5 厘米 × 10 厘米，每亩 3 万株。移苗时间一般在早春土壤解冻后为宜。

红松移植前要全面深翻地，结合翻耕，施足基肥。苗木移栽前，对过长根系要适当修剪。起苗后立即移植，尽量减少苗木假植时间。移植时要注意苗根保湿，做到随起苗、随选苗、随分级、随移植。移植要做到不窝根、不露根、栽得正、踏的实，移栽后要及时灌水。

（三）苗木出圃

1. 苗木出圃标准

在黑龙江、吉林、辽宁，红松以 2 - 2 型移植苗出圃，出圃质量标准为：Ⅰ级苗地径 0.45 厘米以上，苗高 15 厘米以上；Ⅱ级苗地径 0.35 ~ 0.45 厘米，苗高 12 ~ 15 厘米；Ⅲ级苗地径 0.35 厘米以下，苗高 12 厘米以下。

2. 起苗、包装与运输技术要点

起苗要边起、边捡、边假植，要注意保护顶芽。分级包装，根间加填苔藓等湿润物，将苗木卷成捆。外附标签。长距离运输时要经常检查车内温、湿度。

（四）育苗年周期管理工作历

北方地区红松育苗管理全年工作历

技术要点	时间（月）											
	1	2	3	4	5	6	7	8	9	10	11	12
采种									◎●	○		
整地做床（垄）				○						●		
施基肥、土壤消毒				○								
播种				●	○							
播种地覆盖				●	○							
浇水				●	○◎	○◎	◎			●	◎	
松土除草					○◎	◎	◎					
追肥				●	◎	◎	◎					
病虫害防治					◎	◎	◎					
起苗										◎●	○	

十四、樟子松

樟子松 *Pinus sylvestris* var. *mongolica* Litv. 属松科松属，又名海拉尔松（日）、蒙古赤松（日）、西伯利亚松、黑河赤松。

常绿乔木，高可达 30 米，胸径 70 厘米。樟子松系雌雄异株，一般 6 月开花，翌年 9 ~ 10 月果实成熟。天然樟子松林 15 ~ 20 年左右开始结实，丰年间隔期 3 ~ 4 年，其中有的个别年出现小年。

樟子松为极喜光树种，喜酸性土壤，耐寒性强，能忍受 -50 ~ -40℃低温，旱生，不苛求土壤水分。树干通直，生长迅速，适应性强。

木材纹理通直，可供建筑、家具等用材。树干可割树脂，提取松香及松节油，树皮可提取栲胶。树形及树干均较美观，可作庭园观赏和绿化树种。此外，该树种也是防护林及固沙造林的主要树种。

（一）种质资源与繁殖材料

1. 优质种质资源的选择

樟子松现有良种基地有：黑龙江省嫩江县高峰林场国家樟子松良种基地，辽宁省昌图县付家机械林场国家樟子松良种基地，内蒙古红花尔基林业局国家樟子松良种基地，大兴安岭林业集团技术推广站国家樟子松、落叶松良种基地，陕西省榆林市国家樟子松良种基地。目前已发布的良种有：海林樟子松母树林种子（龙 S-SS-PS-011-2007）、红花尔基樟子松母树林种子（登记编号：内蒙古 S-SS-PS-001-2009）、错海樟子松第一代无性系种子园种子（登记编号：黑 S-CSO（1）-PS-005-2010）、东方红樟子松第一代无性系种子园种子（登记编号：黑S-CSO（1）-PS-008-2010）、青山樟子松初级无性系种子园种子（登记编号：黑 S-CSO（0）-PS-011-2010）、梨树樟子松初级无性系种子园种子（登记编号：黑 S-CSO（0）-PS-015-2010）、樟子松卡伦山种源（登记编号：黑 S-SP-PS-020-2010）、加格达奇樟子松第一代无性系种子园种子（登记编号：黑 S-CSO（1）-PS-030-2010）、东方红钻天松（登记编号：黑 S-ETS-PS-032-2010）、高峰樟子松种源（登记编号：吉 S-SP-PS-2007-002）、永吉樟子松第一代种子园种子（登记编号：吉 S-CSO（1）-PS-2007-015）、永吉樟子松母树林种子（登记编号：吉 R-SS-PS-2007-004）。

2. 种子采收与处理

樟子松春秋两季均可采种，秋季在9月中、下旬至11月上、中旬，春季在3月上旬至4月中、下旬。其球果坚硬，短期不宜开裂，需进行露天日晒或在干燥室调制，3~4天就有70%~80%的球果开裂。将未开裂的球果放入25~30℃的温水中浸种5~10分钟，干燥，直至全部开裂，共需5~8天。之后去掉种翅，除去杂物。

（二）标准化育苗关键技术

1. 播种育苗技术

（1）育苗地准备 樟子松育苗地宜选土壤疏松、排水良好、地下水位低、土质比较肥沃的砂壤土作圃地。如有条件，最好选择前茬是松、柞育苗地。但不宜在一块地连续多年播种，一般宜1年与2年生松苗相互轮作。播种地在秋季要进行深耕，同时施入基肥量的40%，耙碎土块，翌年春季经过重复耙地后，做床时施入总基肥量的60%。如果在砂性较大的土地上育苗最好多施一些河泥等有机肥料，以增强土壤吸水保肥能力，促进苗木根系发育和地上部分的生长。

（2）种子催芽处理 为促使种子播种后迅速发芽、出苗整齐，并增强苗木抗性，播种前需对种子进行催芽，常用的方法主要包括雪埋、混沙埋藏、温水浸种等。

①雪埋催芽。在1~3月间选择背荫处，降雪后把雪收集起来，放在事先准备好的坑中或地面上，厚度30~50厘米，然后将种子用3倍于种子体积的雪拌匀盛入麻袋或木箱等容器中，置于雪上，再用雪将上部及四周盖严。为防止早春雪溶化，在雪上覆40~50厘米的杂草。播种前3~5天将种子由雪中取出，置于向阳处（或用清水化雪），待雪化净后，用0.5%的高锰酸钾消毒2小时，捞出后稍阴干既可播种。亦可将种子置于温暖处进行短期催芽，当有50%的种子裂口时，即可播种，发芽率可达70.1%。如

冬季无雪亦可将种子混入碎冰中（冰块越小越好）进行埋藏。

②室外温床催芽。播种前10～20天，选择地势较高，气候干燥，排水良好，背风向阳的地方挖埋藏坑，坑深、宽各50厘米，长度依种子数量而定。在坑底铺上席子，然后将消毒的种子混2倍的湿沙放入坑内，夜间用草帘盖上，以保持温度，白天将草帘掀起，上下翻动，并适量浇水，经15～20天，大部分种子裂嘴后就可将种子由沙子中筛出进行播种，发芽率达62.5%。如不能及时播种，则应停止翻动，并加覆盖物或移于阴凉处，以降低温度，控制发芽。

③室内恒温催芽。播种5～7天先将种子消毒后，再用40～60℃水浸种一昼夜，捞出后放在室内温暖处，每天用清水淘洗1次，到50%种子裂口时播种，发芽率达34.5%。

（3）播种时期　在平均地表温度达8～9℃以上时即可播种，一般在4月中、下旬，大兴安岭林区的适宜期为5月中旬。

（4）播种　播种前苗床表土要保持适度温润，如干燥应少量浇水，待床面稍阴干时，用耙将床上面搂起0.5～1厘米深的麻面，然后用播种机或手推播种磙。横床条播，播幅宽3～4厘米，行距8～10厘米，播后覆土约0.5厘米，并及时以草碳粉、锯木屑和土的混合物作覆盖物镇压，以防芽干。在干旱地区或砂地要覆草。播种量分别需Ⅰ级种子52千克/公顷，Ⅱ级种子60千克/公顷，Ⅲ级种子75千克/公顷。

（5）苗木培育管理　在种子发芽期，从播种到幼苗出齐前，表土必须保持湿润（含水率6%左右）。自出苗后到6月末易感染立枯病，浇水宜少量多次，每次浇水2.5～3.5千克/平方米，一般在10：00～12：00进行。1年生松苗，7～8月间为高生长旺盛时期，必须供给充足的水分，每隔2～3天浇1次透水。到8月中、下旬后可每隔10余日浇水1次，一般不进行浇水。在掘苗前5～7天浇1次透水，促使土壤疏松，掘苗时保持根系完整。

苗木生长旺盛期应及时施肥，保证苗木有足够的养分，一般从6月中、下旬开始，每公顷施硫铵50~100千克。以后每隔10天左右追肥1次，到8月中旬停止追肥，一般每公顷施肥1 000~1 500千克。

樟子松出苗后，1~2年生幼苗上易发生松苗立枯病，也有发生在3年生大苗上，发病后应及时用30%苏化911粉，每亩用药量0.75千克作药土，撒在苗床面上，或每亩用30%苏化911乳油720毫升加水250~500千克，或新吉尔灭1:5 000倍液也行。每次施药10~30分钟后，喷清水1次，洗掉叶上药液，以防药害。

同时油松球果螟、松梢螟、松纵坑切梢小蠹、落叶松毛虫等害虫危害也较为普遍，螟虫类幼虫应喷40%乐果乳油400倍液，或50%敌百乳油100倍液或90%晶体敌百虫300倍液或80%敌敌畏乳油1 500倍液或20%蔬果磷乳油500倍液防治；成虫出现后，每隔7天喷1次6%可湿性六六六200倍液。此外，也可在成虫产卵期间施放赤眼蜂，每公顷放蜂15万头左右。防治小蠹虫可喷六六六粉剂。落叶松毛幼虫在食叶期喷松毛虫杆菌，成虫期设黑光灯诱杀。

2. 插条育苗技术

(1) 硬枝扦插

①插穗采集与剪截。在3月中旬和11月中旬至12月中旬，按长10~15厘米的规格剪取插穗，将插穗下部针叶由下向上摘去约4厘米。

②基质和插床准备。扦插基质为河卵石、木炭、土+河卵石、蛭石、锯末。插床底层铺有30厘米厚卵石，上层铺有20厘米厚的河卵石。将装有扦插基质的塑料杯（其下底直径7厘米，上口直径5厘米，高15厘米，底部有直径1.5厘米的小孔）置于插床上。插床用透明塑料布罩盖，插前用0.2%的高锰酸钾溶液喷洒消毒。

③扦插。扦插时用单面刀片斜向削去插穗基部0.5厘米的剪刀口，然后浸IBA激素处理，浸醮长度约2~3厘米，略干后，插

入营养杯中。

④插后管理。插后喷透水，用塑料布罩严，每天 11：00、14：00 各喷水 1 次。初插时床内温度要求 10～18℃，约 1 个月后要求达到 18～25℃。冬季扦插最好在床内铺设农用地温线（提高床底温度的导线装置），床底温度控制在 13～18℃，床内 8～13℃，湿度 75% 左右。如温度达不到要求，将会延长生根时间，但不影响生根率。每月喷 1 次 0.3% 的多菌灵溶液。

（2）嫩枝扦插　嫩枝插穗在 7 月上旬至 7 月底采。喷水次数比硬枝扦插有所增加，每天 08：00、11：00、14：00、16：00 各用喷壶轻喷水 1 次，床内湿度不低于 80%，温度控制在 18～25℃，不得超过 30℃，否则必须采取降温措施。

3. 樟子松移植苗培育

樟子松苗通常要在苗圃培育 2 年，第二年要留床培育。

（1）移苗密度　床作的顺行栽 8 行（指床面宽 1 米，株距 4 厘米，行距 12 厘米）；垄作的，在垄面上栽 2 行苗。株距 4 厘米，行距 16～20 厘米。栽苗密度为 133 400～146 740 株/亩。

（2）移苗时间　樟子松大苗四季均可移植，但以春季 3～5 月、雨季 7～8 月、秋季 10～11 月为宜，在新梢旺长期不宜移植。

（3）整地及移植　移植育苗地要全面深翻，结合翻耕，施足基肥。苗木移栽前，对过长根系要适当修剪。栽植时根系要舒展，深度应以根颈平地为宜或稍高出地面，切忌栽植过深。栽后踏实，浇足定根水，覆土保墒，可在树坑周边做围堰，保证蓄水深度 20 厘米左右。大苗还要注意扶正（设置三角支架固定主干）、踏实和培土。栽后当天浇 1 遍透水，在 10 天内浇 2 遍透水，之后的 3～4 个月内，每 10 天浇水 1 次。在移植成活后的 1 年中，在生长季节平均每 2 个月浇水 1 次。

（4）施足底肥，勤施追肥　施肥时，高 3.5 米以下的植株采取盘供肥，1 年施肥 2～3 次，以早春土壤解冻后、春梢旺长期和秋梢生长期供肥较好；对于高 3.5 米以上植株在成活后 1~2 年内可采取以上施肥方式，之后以根外追肥较合适，施肥工具可用机动喷雾器，在生长季每月喷施 1 次即可。

（三）苗木出圃

1. 苗木出圃标准

在黑龙江、吉林、陕西北部、山西雁北地区，2-0 型樟子松播种苗等级标准为：Ⅰ级苗地径 0.4 厘米以上，苗高 15 厘米以上；Ⅱ级苗地径 0.3~0.4 厘米，苗高 10~15 厘米；Ⅲ级苗地径 0.3 厘米以下，苗高 10 厘米以下。在黑龙江、吉林、辽宁地区的樟子松 1-1 型移植苗，Ⅰ级苗地径 0.45 厘米以上，苗高 15 厘米以上；Ⅱ级苗地径 0.35~0.45 厘米，苗高 10~15 厘米；Ⅲ级苗地径 0.3 厘米以下，苗高 10 厘米以下。在内蒙古、黑龙江北部地区，樟子松以 1-2 移植苗出圃，播种苗标准为：Ⅰ级苗地径 0.4 厘米以上，苗高 15 厘米以上；Ⅱ级苗地径 0.3~0.4 厘米，苗高 10~15 厘米；Ⅲ级苗地径 0.3 厘米以下，苗高 10 厘米以下。

2. 起苗、包装与运输技术要点

樟子松裸根遇风容易失水，降低造林成活率。起苗时必须随起，随捡，随假植。包装采用蒲包，内垫苔藓等湿润物。运输过程中随时检查是否出现发热，注意温、湿度和通风。

（四）育苗年周期管理工作历

北方地区樟子松育苗管理全年工作历

技术要点	时间（月）											
	1	2	3	4	5	6	7	8	9	10	11	12
采种			○	◎●					◎●	●	○◎	
整地做床（垄）			●							●		
施基肥、土壤消毒			●							●		
播种				◎●	◎							
播种地覆盖					○●							

（续）

技术要点	时间（月）											
	1	2	3	4	5	6	7	8	9	10	11	12
浇水						●	●	◎●				
松土除草							●	◎●				
追肥						◎●						
病虫害防治				◎	○◎							
起苗			●	○◎								

十五、白皮松

白皮松 *Pinus bungeana* Zucc. ex Endl. 属松科松属，别名白骨松、三针松、白果松、虎皮松、蟠龙松。

常绿乔木，高可达30米，胸径可达3米。雄球花卵圆形或椭圆形，长约1厘米，多数聚生于新枝基部成穗状，长5～10厘米。球果通常单生，初直立，后下垂，成熟前淡绿色，熟时淡黄褐色，卵圆形或圆锥状卵圆形；种子灰褐色，近倒卵圆形，长约1厘米，径5～6毫米。花期4～5月，球果翌年10～11月成熟。

白皮松为喜光树种，耐瘠薄土壤及较干冷的气候；在气候温凉、土层深厚、肥润的钙质土和黄土上生长良好，是松类树种中能适应钙质黄土及轻度盐碱土壤的主要针叶树种。对二氧化碳、二氧化硫及烟尘的污染有较强的抗性。一般生长在海拔500～1 000米的山地石灰岩形成的土壤中，但在气候冷凉的酸性石山上或黄土上也能生长。

白皮松树姿优美，树皮白色或褐白相间、极为美观，为优良的庭园树种。木材纹理直，轻软，加工后有光泽和花纹，供细木工用，也可供建筑、家具、文具等用材。种子可食。

（一）种质资源与繁殖材料

1. 优质种质资源的选择

白皮松为我国北方特有树种，山西中条山、吕梁山，河南与山西交界的大松岭有天然优质种质资源。

2. 种子采收与处理

球果成熟时由淡绿色转为黄绿色或黄褐色。成熟后应及时采摘。采种应选择优良母树，采收的球果需在通风良好的地方摊晒，待果鳞开裂后用棍棒敲打，收集到种子后要及时去杂风干。纯净的种子要放在通风良好、干燥、低温的地方进行贮藏。当年种子尽量用于当年育苗，陈贮种子育苗发芽率将降低 30% ~ 60%。白皮松球果出种率 10%，种子千粒重 150 ~ 160 克，每千克种子粒数 6 000 粒 ~ 7 000 粒。

（二）标准化育苗关键技术

播种育苗技术

（1）育苗地准备　育苗地应选择排水良好，有灌溉条件，地势平坦，土层深厚的砂壤土或壤土，重黏土、盐碱土或低洼积水的地方不能选作育苗地。白皮松根系具有菌根菌共生，菌根菌对促进苗木生长具有良好作用，即可以促进苗木根系吸收土壤中的水分和养分，提高苗木的抗旱、抗病能力。因此，白皮松育苗地宜连作。

（2）种子催芽处理　白皮松种子休眠期较长，有效解除休眠方法是，将种子用 200 米克/升的克 A3 和 20% 分子量为 6 000 的 PE 克混合溶液浸泡 48 小时，然后从混合液中取出种子，继续在常温下浸水 48 小时，最后再把种子浸入 35% 的 PE 克（分子量为 6 000）中浸泡 48 小时即可播种。亦可进行隔年低温层积催芽和高温催芽，当有 40% 种子种皮开裂时播种。

（3）播种时期　常采用春季播种，以土壤解冻后 10 天内播种最为适宜。

（4）播种　白皮松怕涝，应采用高床或高垄育苗，播前浇足底水，条播，播种量 70 ~ 100 千克/亩，播后覆土厚 1 ~ 1.5 厘米，上面可再覆 1 厘米的湿锯末，起保温、保湿作用。

(5) 苗木培育管理　播种后幼苗带种壳出土，约20天脱落，这段时间要防止鸟害，当年苗要埋土防寒，2年生苗裸根移植，最好随掘随栽，栽后踩实浇水。幼苗宜密植，大苗宜稀植，5年生左右带土进行第二次移植或出圃造林。

白皮松留圃时间长，早春气候多变，白皮松苗木极易遭受冻害，要认真做好防冻工作。对采取保护地栽培的苗木，寒流来临时，除密封膜保温外，还要在棚上增盖草帘，天晴后及时揭掉草帘，接受光照，增加棚内温度。在晴朗无风的中午前后，要视棚内温度高低，适当开窗，通风降温，防止高温烧苗。另外，有条件的可在地表撒施草木灰，既能起到吸热增温的作用，又能增加土壤中钾肥含量，有利于苗木生长发育。

幼苗期的立枯病发生较普遍，常造成大量苗木死亡。防治方法是，早春播种育苗可用0.3%福美双或50%敌克松（用量为种子重量的0.3%）拌种。也可在播种或移栽前进行土壤消毒，每亩用70%敌克松3千克，拌细土施于圃地。发病初期可用75%五氯硝基苯200倍液浇灌病区。根腐病也是早春苗木重要病害之一。病菌在土壤中和病残体上过冬，也能在苗木上过冬。开春后开始发病，初期须根发病，后随着病情的加重，维管束被破坏，导致苗木枯萎死亡。防治方法可用50%甲基托布津1 000倍液，浸苗基部10分钟，晾干后栽植；也可用80% 402抗菌剂2 000倍液，浸种5小时；发病初期，可用50%退菌特700倍液进行灌根。

（三）苗木出圃

1. 苗木出圃标准

白皮松的用途以城市绿化为主，当年生苗高仅4厘米左右，第二年可达10厘米，4～5年可达30～40厘米，10年生可达100厘米。大苗培育需经过2～3次移植，通常1～2年生时进行第一次移植，5年生时进行第二次移植，8～10年生时进行第三次移植。

2. 起苗、包装与运输技术要点

白皮松苗木一般都是带土球移植。土球标准是根颈直径的

8~10 倍。该树种要浅栽，深栽会导致根部水浇不透或根部缺氧死亡，如是草绳或草片作为土包装物，栽植时可不取掉，过季稻草会腐烂，且去包装物（草绳），会人为损伤根系。

（四）育苗年周期管理工作历

华北地区白皮松育苗管理全年工作历

技术要点	时间（月）											
	1	2	3	4	5	6	7	8	9	10	11	12
采种										●	○	
整地做床（垄）				○						●		
施基肥、土壤消毒				○								
播种				◎								
播种地覆盖				◎								
浇水				◎●	○◎	○◎	◎			●	◎	
松土除草					○◎	◎	◎					
追肥				●	◎	◎	◎					
病虫害防治					◎	◎	◎					
起苗										◎●	○	

十六、油松

油松 *Pinus tabulaeformis* Carr. 属松科松属，别名短叶松、红皮松、青松、东北黑松、巨果油松。

常绿乔木，高可达 30 米，胸径可达 1 米。雄球花柱形，长 1.2~1.8 厘米，聚生于新枝下部呈穗状；当年生幼球果卵球形，黄褐色或黄绿色，直立。球果卵形或卵圆形，成熟后黄褐色，常宿存几年；种子长 6~8 毫米，连翅长 1.5~2.0 厘米、翅为种子长的 2~3 倍。花期 5 月，球果第二年 9~10 月果实成熟。

油松为深根性树种，生长中速，寿命长；极喜光，适干冷气候，较耐寒，要求通透性良好的土壤，耐干旱瘠薄，不耐水湿与盐碱。

油松树干挺拔苍劲，四季常春，不畏风雪严寒。独立的个体姿态非常优美。木材富含松脂，耐腐，可用作建筑、家具、枕木、矿柱、电杆、人造纤维等用材。树干可割取松脂，提取松节油，树皮可提取栲胶，松节、针叶及花粉可入药。

（一）种质资源与繁殖材料

1. 优质种质资源选择

油松广泛分布于我国华北、西北地区。目前各地发布的优良种子有：中湾油松母树林种子（登记编号：国 R－SS－PT－010－2002）、万家沟油松种子园种子（登记编号：内蒙古 S－CSO（1）－PT－004－2009）、油松（小陇山）种子园种子（登记编号：甘 S－CSO－PT－05－2007）。

2. 种子采收与处理

当球果由绿色变为黄绿色时即成熟，应及时采收。采种前母树要选择树龄为 20 年以上，发育健壮、干形好、抗性强、无病虫害的树木作为采种母树。采下来的球果放在通风良好的场地摊开晾晒，每天翻动 1 次。几天后球果鳞片卷曲自行裂开，再用木棍轻轻敲打并来回翻动，种子就可脱出。将收集起来的种子经过搓揉去翅，筛选去杂，晒干后即可贮藏。

（二）标准化育苗关键技术

播种育苗技术

（1）育苗地准备　油松育苗应选在排水良好、有灌溉条件、土层深厚、土壤肥沃的砂壤土或壤土。土壤酸碱度以微酸性或中性为宜。忌黏重、积水或 pH 值超过 8 的土壤。油松有菌根，适宜连作。油松苗在前茬植物为杨树、板栗、柞树、芝麻、线麻等植物的土地上生长良好，不适于在前茬为刺槐、白榆、黑枣、大豆、马铃薯、蔬菜等植物的土地上生长。育苗地应深翻（20 厘米）、整平，施入基肥，以厩肥、堆肥等有机肥为主，每亩施

5 000千克左右。为预防猝倒病及地下害虫，在施肥的同时可混用硫酸亚铁。一般在前一年秋季整地最好。

（2）种子催芽处理　油松种子处理采用温水浸种催芽即可。在播种前 10 天，先用 1% ~2% 浓度的硫酸亚铁浸泡 1 小时，再用 1% 浓度的高锰酸钾浸泡 1 小时，用清水淘洗 2 次，然后用 45℃温水浸种 24 小时，捞出放在温暖的地方，摊放在湿麻袋或草袋上，覆盖，每天洒水和翻拌 1 次，当 30% 以上种子裂嘴时即可播种。

（3）播种时期　春、秋及雨季均可播种。一般以春播为主，时间上应适期早播；秋播宜在土壤冻结前进行，以免种子当年萌发而受冻害，但鸟害严重的地区不宜秋播；雨季播种苗木生长期短，越冬时易受冻害。

（4）播种　以苗床育苗为主。高床育苗，苗床长 10 米，宽 1 米；高垄育苗，垄宽 60 ~ 80 厘米，高 15 ~ 20 厘米。通常采用条播，播幅 3 ~ 7 厘米，行距 20 ~ 25 厘米。每亩播种量 12 ~ 15 千克，覆土厚度约 1 厘米，覆土后稍加镇压。

（5）苗木培育管理　在灌足底水的前提下，一般在播种后至出苗前不必灌水。经催芽后的种子 7 ~ 10 天即发芽出土。苗木出土、种壳脱落前要注意防鸟害。幼苗宜适当密生，间苗勿过早，可在苗木旺盛生长期进行，每 1 米长的播种沟内留苗 100 ~ 150 株。

幼苗在出土后 1 ~ 2 月内易发生猝倒病，从苗木出齐后 1 周开始，每隔 7 ~ 10 天喷 0.5% ~ 1.0% 波尔多液或 0.5% ~ 1.5% 硫酸亚铁溶液，喷 3 ~ 4 次。灌溉要适当，勤松土除草，合理施肥。

（三）苗木出圃

1. 苗木出圃标准

苗木一般在 1.5 年生或 2 年时出圃。油松出圃苗龄与造林季节有关。雨季造林多有 1.5 年生苗，春季或秋季造林多用 2 年生苗木，1年生生播种苗苗高8厘米，地径0.2厘米以上，根系长度不小于20厘米，侧根发达，地上部分针叶鲜绿，且具有完整饱满的顶芽。不同的地区有不同的出圃标准。

在山西、河北、北京、内蒙古东部、天津等地，1.5-0型播种苗Ⅰ级苗地径0.4厘米以上，苗高12厘米以上；Ⅱ级苗地径0.3~0.4厘米，苗高10~12厘米；Ⅲ级苗地径0.3厘米以下，苗高10厘米以下。2-0型播种苗Ⅰ级苗地径0.45厘米以上，苗高15厘米以上；Ⅱ级苗地径0.3~0.45厘米，苗高12~15厘米；Ⅲ级苗地径0.3厘米以下、苗高12厘米以下。

在山东、宁夏、河南、甘肃、陕西关中、内蒙古阴山地区，2-0播种苗Ⅰ级苗地径0.4厘米以上，苗高15厘米以上；Ⅱ级苗地径0.3~0.4厘米，苗高12~15厘米；Ⅲ级苗地径0.3厘米以下，苗高10厘米以下。

在甘肃、宁夏、陕西关中、辽宁西部、内蒙古阴山地区。1-1型播种苗Ⅰ级苗地径0.5厘米以上，苗高15厘米以上；Ⅱ级苗地径0.35~0.5厘米，苗高10~15厘米；Ⅲ级苗地径0.35厘米以下，苗高10厘米以下。

2. 起苗、包装与运输技术要点

裸根起苗时应注意保护顶芽，严防根系干燥，及时包装或假植。分级包装，根系部位装填湿润物。远距离运输要经常检查温、湿度，防止发热。

（四）育苗年周期管理工作历

北方地区油松育苗管理全年工作历

技术要点	时间（月）											
	1	2	3	4	5	6	7	8	9	10	11	12
采种									●	○		
整地做床（垄）				○						●		
施基肥、土壤消毒				○						◎●		

（续）

技术要点	时间（月）											
	1	2	3	4	5	6	7	8	9	10	11	12
播种				◎								
播种地覆盖				◎								
浇水				◎●	○◎	○◎	◎			●	◎	
松土除草					○◎	◎	◎					
追肥				●	◎	◎	◎					
病虫害防治					◎	◎	◎					
起苗							◎			◎●	○	

十七、侧柏

侧柏 *Platycladus orientalis*（L.）Franco 属柏科侧柏属，别称扁柏、香柏、柏树。

常绿乔木，树高一般可达 20 米。雌雄同株异花。雌雄花均单生于枝顶，球果阔卵形，近熟时蓝绿色被白粉，种鳞木质，红褐色，种鳞 4 对，熟时张开，背部有一反曲尖头，种子脱出，种子卵形，灰褐色，无翅，有棱脊。花期 3～4 月，种子成熟期 9～10 月。

侧柏为温带喜光树种，幼时稍耐荫。适应性强，对土壤要求不严，在酸性、中性、石灰性和轻盐碱土壤中均可生长。耐干旱瘠薄，萌芽能力强，在平地或悬崖峭壁上都能生长；在干燥、贫瘠的山地上，生长缓慢，植株细弱。侧柏侧根发达，耐修剪，寿命长，可达 2 000 年以上，抗烟尘，抗二氧化硫、氯化氢等有害气体。

侧柏是北方地区重要的抗旱造林树种，也是优良的城市绿化树种。侧柏木质软硬适中，细致，有香气，耐腐力强，多用于建筑、家具、细木工等；种子、根、叶和树皮可入药；种子榨油可供制皂、食用或药用。

（一）种质资源与繁殖材料

1. 优质种质资源的选择

为中国特有种，华北地区有野生分布，全国各地普遍栽培，优质种源调拨执行 GB 8822.1－8822.13－88《中国种子区区划》。用种以当地种源为佳，宜选 20～50 年生的优良母树。侧柏良种基地有：河南郏县国有林场国家侧柏良种基地。

2. 种子采收与处理

当球果果鳞由青绿色变为黄绿色，果鳞微裂时，应立即进行采种。要选择 20～50 年生的树木作为母树。采得的球果，在场上曝晒 3～5 天，果鳞裂开后，轻敲果鳞，种子即可脱落。然后用筛选、风选或水选，清除果鳞、夹杂物及秕粒。阴干后，进行袋藏。

（二）标准化育苗关键技术

1. 播种育苗技术

（1）育苗地准备　选择地势平坦，排水良好，较肥沃的砂壤土或轻壤土为育苗地。不宜选土壤过于黏重或低洼积水地，也不要选在迎风口处。育苗地要深耕细耙，施足底肥。一般采取秋季翻地，深度 25 厘米左右，春季浅翻 15 厘米左右，结合秋季深翻地，每亩施入厩肥 2 500～5 000千克，将粪肥翻入土中，然后，耙耢整平。

（2）种子催芽处理　播种前，用 40～50℃温水浸种 12 小时，捞出置于蒲包或筐筐内，放在背风向阳的地方，每天用清水淘洗 1 次，并经常翻动，当 30% 种子裂嘴，即可播种。

（3）播种时期　春、秋或雨季均可播种，以春播为主。

（4）播种　采用垄播和床播，每亩播种 10 千克左右。垄播时，垄面可双行或单行条播，双行播幅 5～7 厘米，单行播幅10～12 厘米。床播可横床或顺床条播，播幅 5～10 厘米。覆土厚度 1 厘米，15 天左右开始发芽出土，20～25 天为出土盛期。

（5）苗木培育管理　播种后保持种子层土壤湿润；速生期根

据土壤墒情每10~15天灌溉1次。苗高5厘米时进行间苗，每米播种沟保留100株左右。追肥应在速生期中期前结束，以防苗木徒长，影响木质化。侧柏怕风，早春生理干旱严重，要求土壤封冻前灌足冻水，冬季寒冷多风地区，应埋土防寒。

2. 移植育苗

侧柏苗木多2年出圃，翌年春季移植。有时为了培育绿化大苗，尚需经过2~3次移植，培育成根系发达、生育健壮、冠形优美的大苗后再出圃栽植。根据各地经验，以早春3~4月移植成活率较高，一般可达95%以上。

移植密度要根据培育年限而定。苗木移植后培育1年生苗，株行距10厘米×20厘米；培育2年生苗，株行距20厘米×40厘米；培育3年生苗，株行距30厘米×40厘米；培育5年生以上的大苗，株行距为1.5米×2.0米。一般培育大苗都需要经过多次移植。

根据苗木的大小而采取不同的移植方法，常用的有窄缝移植、开沟移植和挖坑移植等方法。

移植后苗木管理，主要是及时灌水，每次灌透，待墒情适宜时及时采取中耕松土、除草、追肥等抚育措施。

（三）苗木出圃

1. 苗木出圃标准

国家标准规定，河南、山东、天津、河北、山西地区，1－0型Ⅰ级苗苗高30厘米以上，地径0.25厘米以上；Ⅱ级苗苗高15~25厘米，地径0.2~0.3厘米，可用于春秋季造林；Ⅲ级苗苗高15厘米，地径0.2厘米；1.5－0型：Ⅰ级苗苗高35厘米以上，地径0.35厘米以上；Ⅱ级苗苗高15~25厘米，地径0.25~0.35厘米，可用于春秋季造林；Ⅲ级苗为苗高15厘米，地径0.25厘米。1年生未达出圃标准的苗木可留床再培育1年。培育大苗要进行移植。

在华北地区培育2－0型侧柏苗，Ⅰ级苗苗高60厘米以上，地径0.6厘米以上；Ⅱ级苗苗高35～60厘米，地径0.35～0.6厘米，Ⅲ级苗为苗高35厘米，地径0.35厘米。培育1－1型侧柏苗，Ⅰ级苗苗高50厘米以上，地径0.7厘米以上；Ⅱ级苗苗高30～50厘米，地径0.4～0.7厘米；Ⅲ级苗苗高30厘米，地径0.4厘米。

在西北地区培育2－0型侧柏苗，Ⅰ级苗苗高50厘米以上，地径0.5厘米以上；Ⅱ级苗苗高25～50厘米，地径0.3～0.5厘米；Ⅲ级苗苗高25厘米，地径0.3厘米。培育1－1型侧柏苗，Ⅰ级苗苗高40厘米以上，地径0.6厘米以上；Ⅱ级苗苗高20～40厘米，地径0.35～0.6厘米；Ⅲ级苗苗高20厘米，地径0.3厘米。

2. 起苗、包装与运输技术要点

侧柏根系发达，起苗应尽可能保留须根，带土坨起苗造林也是侧柏常见出圃方式。裸根出圃应分级包装，注意保护根系免受曝晒失水。长距离运输注意保湿，防止发热。来不及栽植的树苗要立即假植。

（四）育苗年周期管理工作历

北方地区侧柏育苗管理全年工作历

技术要点	时间（月）											
	1	2	3	4	5	6	7	8	9	10	11	12
采种									●	○		
整地做床（垄）				○						●		
施基肥、土壤消毒				○						◎●		
播种				◎								
播种地覆盖				◎								
浇水				◎●	○◎	○◎	◎			●	◎	
松土除草					○◎	◎	◎					

（续）

技术要点	时间（月）											
	1	2	3	4	5	6	7	8	9	10	11	12
追肥				●	◎	◎	◎					
病虫害防治					◎	◎	◎					
起苗							◎			◎●	○	
移植				○◎								

十八、圆柏

圆柏 *Sabina chinensis*（L.）Ant 属柏科圆柏属，又称桧、桧柏、冲天柏、柏枝树。

常绿乔木或灌木，生长速度中等，25 年生者高 8 米左右，寿命极长。圆柏系雌雄异株，少同株，花期 4 月下旬，球果发育 2 年，翌年 10 ~ 11 月成熟。雌株一般 15 年左右开始结实，20 年后进入盛果期，直至 50 年仍有结实能力。

圆柏是喜光树种，较耐荫。喜凉爽温暖气候，忌积水，耐修剪，易整形。耐寒、耐热，对土壤要求不严，在温凉稍燥地区生长较快，对土壤的干旱及潮湿均有一定的适应能力。对多种有害气体有一定抗性，是针叶树中对氯气和氟化氢抗性较强的树种，能吸收一定数量的硫和汞。

圆柏幼龄树树冠整齐，圆锥形，树形优美，大树干枝扭曲，是中国传统的园林树种，也可作绿篱和防护林。

（一）种质资源与繁殖材料

1. 优质种质资源选择

圆柏在我国分布较广，各地均有用种源，以当地种源为佳。我国建有祁连圆柏良种基地 2 处，即：青海互助县北山林场国家祁连圆柏良种基地，甘肃张掖市龙渠国家青海云杉、祁连圆柏良种基地。发布的良种有：祁连圆柏（祁连山）母树林种子（良种编号：甘 S－SS－SP－04－2007）。

2. 种子采收与处理

圆柏的采收从 10 月份开始到翌年 3～4 月。采种时，选取健壮植株做母树，用高枝剪或采种刀剪下或修下小果枝，而后摘果。摊开曝晒 2～3 天，待果鳞裂开后种子即脱出；种子收集后再过筛去杂，装入麻袋或木箱中，置于通风、阴凉、干燥处贮藏。

3. 插穗采集与剪截

在早春植株生长旺盛时，选用 1 年生粗壮枝条作为插穗。把枝条剪下后，选取壮实的部位，剪成 5～15 厘米长的一段，每段要带 3 个以上的叶节。剪取插穗时需要注意的是，上面的剪口在最上一个叶节的上方大约 1 厘米处平剪，下面的剪口在最下面的叶节下方大约为 0.5 厘米处斜剪，上下剪口都要平整。

（二）标准化育苗关键技术

1. 播种育苗技术

（1）育苗地准备　圆柏育苗地宜选侧方庇荫、土壤肥沃、地下水位不高、排水良好的砂壤或壤质土，苗地土应深耕细耙，床土细碎平整。

（2）种子催芽处理　当年采收的种子，翌年春播后常常发芽率极低或不发芽，故应在 1 月份将洁净种子浸于 5% 福尔马林液中消毒 25 分钟，之后用冷开水洗净，然后层积于 5℃左右环境中约经 100 天，待有约 20% 左右种子种皮开裂时，即可播种，约 2～3 周后幼苗即可出土。

（3）播种时期　常采用春播，播种期为 2～3 月。

（4）播种　圆柏采用条播育苗，撒种均匀，覆土厚度为 0.5～1 厘米，用山草或松针覆盖，经常浇水灌溉，保持床土湿润，25 天左右即可出土，选阴天或早晚揭除覆盖。播种量按年产 120 万株/公顷计算，株行距 20～30 厘米，需种核 225 千克/公顷。

（5）苗木培育管理　圆柏耐干旱，浇水不可偏湿，应做到不干不浇，见干见湿。

每年春季3~5月份施稀薄腐熟的饼肥水或有机肥2~3次，秋季施1~2次，保持枝叶鲜绿浓密，生长健壮。

圆柏常见的病害有圆柏梨锈病、圆柏苹果锈病及圆柏石楠锈病等，这些病以圆柏为越冬寄主，对圆柏本身虽伤害不太严重，但对梨、苹果、海棠、石楠等危害较大，应避免在苹果、梨园等附近种植。

2. 插条育苗技术

（1） 硬枝扦插

①基质和插床准备。常用的基质有营养土或河砂、泥炭土等。使用中等粗度的河砂要在使用前要用清水冲洗几次。不要使用海砂及盐碱地区的河砂，因为其不适合圆柏的生长。插前1周用0.2%~0.5%的高锰酸钾溶液消毒，使用药液量为5~10千克/平方米，最好与0.2%~0.5%的甲醛液交替使用。喷药后用灭过菌的塑料薄膜封盖起来，48小时后用清水清洗2~3次，即可扦插。

②扦插。扦插前应用100毫克/千克ABT1或用100毫克/千克浓度吲哚丁酸处理插穗。以早春（约2月初）用头年生的枝条扦插为主。利用塑料拱棚进行春插的可适当提前。扦插时先开沟，或用扦插锥打孔，插入插穗，地面露出1~2个芽，压实基质。株行距为10厘米×(20~30)厘米。

③插后管理。扦插后遇到低温时，保温的措施主要是用薄膜把用来扦插的花盆或容器包起来；温度太高时，主要采取给插穗遮荫的措施，要遮去阳光的50%~80%，待根系长出后，再逐步移去遮荫网。晴天时每天下午4：00除下遮荫网，第二天上午9：00前盖上遮荫网。

扦插后必须保持空气相对湿度在75%~85%，要给插穗进行喷雾，每天3~5次，晴天多喷，阴雨天少喷或不喷。

（2） 嫩枝扦插 常于春末秋初（4月末至5月初）用当年生的枝条，剪取5~15厘米，上留3~4片叶，插入土中1/2，经常喷水，保证叶片不干，约1个半月至2个月即可生根。根据天气情况，每天喷水数次。及时防治病虫害。

3. 移植苗培育

小苗移栽时，先挖好种植穴，在种植穴底部撒上一层有机肥料作为底肥（基肥），厚度约为4～6厘米，再覆上一层土并放入苗木，以把肥料与根系分开，避免烧根。放入苗木后，回填土壤，把根系覆盖住，并用脚把土壤踩实，浇1次透水。

对于地栽的植株，春夏两季根据干旱情况，施用2～4次肥水。先在根颈部以外30～100厘米开一圈小沟（植株越大，则离根颈部越远），沟宽、深都为20厘米。沟内撒进12.5～25千克有机肥，或者50～250克颗粒复合肥（化肥），然后浇上透水。入冬以后开春以前，照上述方法再施肥1次，但不用浇水。

（三）苗木出圃

1. 苗木出圃标准

圆柏多用于城市绿化造林，播种苗生长缓慢，当年生苗高3～5厘米，一般3年生苗经移植培育生长较快。用于城市绿化需再移植1～2次，一般10～15年生大苗方可定植。

2. 起苗、包装与运输技术要点

圆柏耐旱，根系发达，带土坨起苗造林是其常见的出圃方式。裸根出圃应分级包装，注意保护根系免受曝晒失水。长距离运输注意保湿，防止发热。

（四）育苗年周期管理工作历

北方地区圆柏育苗管理全年工作历

技术要点	时间（月）											
	1	2	3	4	5	6	7	8	9	10	11	12
采种			◎●	◎●						●		
采条与制穗		○		●								

（续）

技术要点	时间（月）											
	1	2	3	4	5	6	7	8	9	10	11	12
整地做床（垄）		●								●		
施基肥、土壤消毒		●								●		
播种		●	○◎									
扦插		●			○							
播种地覆盖			●									
浇水				◎●								
松土除草				●	○◎	◎	◎					
追肥			◎●	◎●	●				◎	◎		
病虫害防治				◎●	○◎							
起苗			●	○◎						●	○	

十九、龙柏

龙柏 *Sabina chinensis* ‘Kaizuka’ 属柏科圆柏属，又称火炬柏、绕龙柏。

龙柏为常绿小乔木，幼时生长较慢，3～4 年后生长加快，树干高达 3 米以后，长势又逐渐减弱。龙柏系雌雄异株，4 月开花，第二年冬以后果实成熟。

龙柏喜充足的阳光，适宜种植于排水良好的砂质土壤上，忌潮湿渍水。它对土壤适应性较强，既可在酸性土壤上生长，也可在中性或者石灰土上生长。龙柏耐旱力强，不甚耐寒，在北方寒冷地区多栽植于背风向阳处。其对烟尘的抗性较差，故不宜栽植于厂矿附近。

龙柏常种植于庭园作美化用途，可以修剪成塔形、龙形和高干，也可应用于公园、庭园、绿墙和高速公路中央隔离带。龙柏对二氧化硫、氯、氟化氢等有害气体有吸收功能，吸滞粉尘的能力也较强。

（一）种质资源与繁殖材料

1. 优质种质资源选择

安徽滁州为龙柏中心产地，龙柏种植面积数量居全国首位。江苏省宿迁市沭阳县红树林花卉园艺中心是龙柏生产基地。

2. 种子采收与处理

龙柏种子在春季4～5月采集，经浸泡揉搓漂洗后，用3倍于种子体积的净河沙拌种，埋于50厘米深土沟内或在室内用砖围砌成一个深50厘米的空间。

3. 插穗采集与剪截

插穗应剪取母株外围向阳面15厘米长的顶梢，把剪口浸入500ppm的吲哚乙酸溶液1分钟备用。

（二）标准化育苗关键技术

1. 播种育苗技术

（1）*育苗地准备* 龙柏育苗地宜选排水良好、深厚、肥沃的砂质土壤。早春或秋末深耕耙地施基肥并平整土地。

（2）*种子催芽处理* 采用室内恒温催芽，在室外背风向阳处，用木板或砖石做成温床，底层铺10～15厘米厚的细沙，或直接在高沙土苗床上，按种沙比为1∶3将种核混以湿沙铺在上面，上盖覆沙10～20厘米，晚间加盖草帘，每月检查1次，保持沙子的湿润度。

（3）*播种时期* 采用春季播种，或秋季10～11月播种。

（4）*播种* 春播时，在播种前2～3周将层积种子取出堆放于向阳处上盖草帘，每天喷水1～2次保湿，待有30%左右种子裂嘴时即可播种。覆土后床面盖草，出苗后揭去盖草。幼苗生长缓慢，入冬时应覆草防寒或加拱罩草帘防寒。秋播时，取出层积种子过筛后播种。

（5）*苗木培育管理* 初期只需除草、松土，天气干旱时，适当灌水。同时在苗木生长期及时追肥。

龙柏病害常见的除梨赤星病以外，在扦插苗床基质不干净或重复使用时，易发生紫纹羽病，在3月上旬春雨前喷1:1:1 000的波尔多液，或1波美度的石硫合剂，或25%粉锈宁可湿性粉剂2 500倍液3～4次。常见的虫害有布袋蛾，应在6月上旬幼虫尚未扩散时喷施1 000倍98%晶体敌百虫。

2. 插条育苗技术

（1）基质和插床准备　基质可用蛭石、质地纯净的河砂、草炭土或草炭土与河砂各半掺匀的土壤。最好用消毒的黄土拌成泥团，给每根插条基部裹上净河砂或者硫酸亚铁灭菌的黄土即可。

（2）扦插　春季扦插比较适宜，在气温24～30℃的条件下进行，扦插时埋入深度以去叶部分全在地面以下为度，株行距为5厘米×15厘米。

（3）插后管理　插后排放在遮荫的棚室或塑料小棚内，浇透水，每天定时喷雾保持相对湿度在80%以上，适时通风换气，约60天后生根。

3. 嫁接育苗

（1）砧木和接穗选择　选用无病害的，根茎4～5毫米，根系发达的侧柏作为砧木。接穗选用健壮无病虫的龙柏侧枝梢端作接穗，要求保持新鲜。

（2）嫁接方法　常用腹接法，接穗长约10厘米，下端相对两侧削两个长15～20毫米的削面，在砧木近地面处选皮层光滑的一侧，用刀成25°～30°斜角下切至砧木直径1/4～1/3处。切口长度与接穗削面一致，不要切到髓心部位，切口上部的砧木不剪断，将接穗从砧木切口处插入，接穗较厚的一面与砧木切口一侧形成层对齐。接好后用塑料薄膜包扎紧密，注意伤口部位不能受水湿。

嫁接的最佳时间为2～3月。嫁接后约在5月下旬，龙柏接穗基本成活时，开始修剪砧木苗（侧柏），第一次剪去砧木苗高度的1/3，再隔1个月，进行第二次修剪，部位是在接口上沿，剪去砧木所有枝条。

4. 移植苗培育

龙柏苗一般在苗圃阶段要经过3～4次的移植，每次移植的株行距应视苗木的大小而定，并注意带土坨移植、浇水，以减轻缓苗。

（三）苗木出圃

龙柏苗主要用于城市园林绿化，出圃造林基本上均为土球包装，球状苗冠幅25～30厘米时，土球直径为15厘米×15厘米；球状苗冠幅80～100厘米的，土球直径为冠幅的1/3～1/2。实生苗土球直径为冠幅的1/2～2/3。

小土球用稻草紧密包扎，直径30厘米以上的大土球用稻草紧密包扎。树冠用稻草绳捆扎。

运输时严禁湿苗装运，以防发热，并做好覆盖防晒、隔离、通风透气等。

（四）育苗年周期管理工作历

北方地区龙柏育苗管理全年工作历

技术要点	时间（月）											
	1	2	3	4	5	6	7	8	9	10	11	12
采种				◎●	○◎							
采条与制穗		◎●										
整地做床（垄）		○							●			
施基肥、土壤消毒		◎								○		
播种		●	○◎							◎●	○◎	
扦插			○									
播种地覆盖			●								●	
浇水				◎●	○◎		○◎					
松土除草				◎●	○◎							
追肥				●	◎		◎					
病虫害防治			○			○						
起苗			◎●	○								

二十、紫穗槐

紫穗槐 *Amorpha fruticosa* L. 属蝶形花科紫穗槐属，别称紫花槐、棉槐、苕条、紫地槐、荆槐。

落叶灌木，高 1 ~ 4 米。荚果椭圆形，微弯曲，成熟时棕褐色，内含 1 ~ 2 枚椭圆形或长肾形的种子，光滑，黄绿色，种子具光泽，种皮坚硬。花期 4 ~ 5 月，果熟期 9 ~ 10 月。

紫穗槐浅根性，根系发达；速生，萌蘖力极强，耐采割。喜光，比较耐荫；喜干冷气候，不耐严寒及湿热；耐旱，耐水湿，耐盐碱，耐瘠薄，抗烟尘、病虫害。具根瘤菌，能改良土壤。

紫穗槐是很好的绿肥和动物饲料，也是保持水土的优良材料和开展多种经营、多种用途的理想植物。被广泛用作公路护坡、编织行业、蜜源植物等，具有广阔的开发前景。

（一）种质资源与繁殖材料

1. 优质种质资源的选择

原产于北美洲。我国北方低山丘陵、平原及沿海地带广为引栽，以华北平原生长最好，也是优质种源供应地区。目前宁夏发布有良种，即：紫穗槐（登记编号：宁 S – ETS – AF – 0014 – 2007）。

2. 种子采收与处理

选择生长健壮、无病虫害的优良母株进行采种。所采果实在阳光下摊晒 5 ~ 6 天，每天翻动几次，干后风选去杂，荚果即为播种材料。可在地下室密封贮藏。

3. 插穗采集与剪截

选择无病虫害、健壮、芽饱满、粗度 1 ~ 5 厘米的 1 年生枝条，在扦插前一周采条，剪成 15 ~ 20 厘米长的插穗沙藏备用。

（二）标准化育苗关键技术

1. 播种育苗技术

（1）*育苗地准备*　选择地势平坦，排水良好、灌溉方便、土壤深厚、较肥沃的育苗地作为播种地，前一年秋季进行深耕，使土层充分风化。翌年4月上旬播种前细致整地，施足底肥，每亩施入充分腐熟的有机肥料1 500～2 000千克，复合肥15克，浅耕整平，做高床。

（2）种子催芽处理　采用热水浸种催芽法。播种前，将种子（带荚皮）放在大盆中，然后倒入2份开水，1份凉水，水温约60℃。边倒热水边搅拌种子，使种子上下受热均匀，当水温约达30℃时，停止搅拌种子，自然冷却后浸种24小时。捞出种子后用0.5%高锰酸钾溶液消毒3小时。之后捞出用清水冲洗2～3遍，控干种子，将1份种子混3份湿沙，并均匀搅拌。之后将其放置在温暖、向阳坡度约5°，背风的地方，保持种温20℃左右，上面盖上湿草片，保持适宜湿度约60%，催芽3～4天，每天用温水（约30℃）喷洒种子，并翻动1～2次，使上下种子干湿均匀一致，如果遇到下雨的天气，要用塑料薄膜将种子覆盖，避免种子湿度过大或积水，防止种子受害。待种裂嘴露白时即可播种。

（3）播种时期　春天播种，北方地区在土壤解冻以后即可进行。

（4）播种　播种前一天，床面浇透底水，然后用五氯硝基苯和代森锌各1份，倒入喷壶中，充分搅拌，每亩10克喷洒床面，进行土壤消毒。第二天采用顺床开沟宽幅条播。沟深2～3厘米，宽10厘米，行距20厘米。开沟后用脚将沟底趟平，均匀地将种子撒入沟中，每亩播种量2～3千克。边播种边覆土，覆土的厚度为1～1.5厘米，厚薄要均匀一致，以利出苗整齐。浇足水，及时用草帘覆盖，保持土壤湿润，待幼苗有60%出土后，及时撤除覆盖草帘。

（5）苗木培育管理　播种1周左右开始出苗，出苗前如床土干旱，要及时适量浇水。待幼苗高3～5厘米时，去掉病虫害苗、细弱苗和密集一起的双株苗。苗高6～8厘米时，第二次间苗，去密留稀，达到疏密适中，分布均匀。每次间苗后要及时浇水，以防苗根透风。苗高25厘米以后抗旱能力增强，非严重干旱时不必灌溉。

2. 扦插繁殖

(1) 插床的准备 用高床，插床以砂壤土为好，插床表面铺一层厚度10厘米左右的细河沙。插前一周用0.3%的高锰酸钾溶液消毒，用药液量5~10千克/平方米。

(2) 扦插 常规扦插以春季扦插为主，一般在3月下旬至4月上旬扦插。在塑料大棚中春插可适当提早。扦插时先开沟，再插入插穗，株行距为10厘米×15厘米。插后喷洒清水，使插穗与砂土密切接触，湿度保持在85%~90%，1周后插穗即可长出新根。

(3) 苗期管理 露地扦插，用黑色遮荫网人工遮荫，使苗圃地保持阴凉、湿润的小气候。除插后立即灌1次透水外，以后也必须保持苗床湿润。当插条长出3片以上新叶，用0.1%的尿素和0.2%的磷酸二氢钾液进行叶面喷肥，1个月1~2次。整个苗期大概要清除杂草2~3次，也可用50%乙草胺每亩用药150~200毫升兑水40~50升防除禾本科、阔叶类等杂草欺苗。

(三) 苗木出圃

1. 苗木出圃标准

1年生苗木高达80~150厘米，即可出圃造林。

2. 起苗、包装与运输技术要点

在苗木生长停止并落叶后，即可起苗。苗木主根不深，须根多，起苗较容易。为便于作业，在起苗前先浇1遍水，使土壤松软。起苗时，用铲子垂直向下挖20厘米深，少伤根系，起苗后分等级捆好，立即进行假植或运输。假植后应覆上草帘，防日晒风吹。

（四）育苗年周期管理工作历

北方地区紫穗槐育苗管理全年工作历

技术要点	时间（月）											
	1	2	3	4	5	6	7	8	9	10	11	12
采种									●	○		
采条与制穗			●	○								
整地做床（垄）			○							●		
施基肥、土壤消毒			◎							○		
播种			●	○◎						◎●	○◎	
扦插			●	○								
播种地覆盖			●	○							●	
浇水				◎●	○◎		○◎					
松土除草				◎●	○◎							
追肥				●	◎		◎					
病虫害防治			○			○						
起苗				○						◎●		

二十一、刺槐

刺槐 *Robinia pseudoacacia* L. 属蝶形花科刺槐属，别名洋槐。

落叶乔木，高 10 ~ 20 米。总状花序腋生，花冠白色，芳香；雄蕊 10 枚，成 9 与 1 两体；荚果扁平，线状长圆形，褐色，光滑。含 3 ~ 10 粒种子，二瓣裂。花期 5 月，果期 8 ~ 9 月。

浅根性，侧根发达，速生，萌蘖力强，寿命较长；喜光，喜温凉、干燥气候，不耐湿热，耐干瘠及轻盐碱，喜钙质土及砂壤土，抗烟尘能力强。

刺槐木材坚硬，耐水湿。可供矿柱、枕木、车辆、农业用材；叶含粗蛋白，是许多家畜的好饲料；花是优良的蜜源植物；

嫩叶花可食；种子榨油供做肥皂及油漆原料。刺槐树冠高大，叶色鲜绿，可作为行道树、庭园树、工矿区绿化及荒山荒地绿化的先锋树种。

（一）种质资源与繁殖材料

1. 优质种质资源选择

原产于北美东部，现在我国广为栽培，以黄河中下游、辽东半岛及淮河流域生长最好。目前各地公布的刺槐良种有：长叶刺槐（登记编号：豫 S－SV－RP－002－2006）、树新刺槐母树林种子（登记编号：宁 S－SS－RP－007－2007）、菏刺 2 号刺槐（登记编号：鲁 S－SV－RP－009－2002）、四倍体刺槐 K4（登记编号：国 S－ETS－RP－003－2003）。

2. 种子采收与处理

荚果成熟后宿存在枝上，及时采集。采后摊晒，碾压或用脱粒机脱粒，风选净种，干藏。

（二）标准化育苗关键技术

1. 播种育苗技术

（1）育苗地准备　刺槐幼苗怕涝、怕寒、怕重碱，喜疏松、肥沃的土壤。圃地宜选择疏松的砂壤土，忌重盐碱及黏重或地下水位过高的土壤。育苗前要做好整地、施基肥和土壤消毒等工作。

（2）种子催芽处理　刺槐种子催芽的方法很多，目前以逐次增温浸种催芽较为普遍。先用 60～70℃ 热水浸种，将热水倒入种子，边倒水边搅拌，到不烫手为止，浸泡一昼夜后，除去漂浮的瘪种子、坏种子和杂质。用细筛把已膨大的种子和硬粒分开，将未膨胀的种子，再用 80～90℃ 的热水如前法处理。每次选出的吸水膨胀种子，要及时混沙，放置在温暖处，约经 4～5 天，1/3 种子露白根尖时，可取出播种。

（3）播种时期　一般春季播种，应适时早播。

（4）播种　经催芽的种子播前应灌足底水。种子发芽率 80% 时，每亩播种量 3～4 千克。作业方式一般采用垄作或床作。垄上行距 15 厘米，播幅 3 厘米。床作行距 20～25 厘米。覆土厚度 1～2 厘米，覆土后镇压。3～5 天幼苗出土。

（5）苗木培育管理　刺槐幼苗生长速度快，分化严重，要早间苗。第一次间苗在幼苗高 3～4 厘米时进行，以后根据苗木生长和密度情况，再进行 1～2 次间苗，最后一次间苗可在苗高 10～15 厘米时进行。苗期可追肥 2 次，在 5～7 月，以氮肥为主。刺槐怕涝，最忌积水，在雨季到来之前，需要作好防汛排涝措施。从 7 月开始，当大部分苗高超过 50 厘米时，用镰刀从 50 厘米处割去顶梢，再用 1 米长竹刀或木刀，顺垄沟由下向上打落两侧生长繁茂的侧枝和树叶，抑制高生长，促进直径生长，根系发达，苗木均匀。在起苗前截干，留茬高 15～20 厘米。地径 0.2 厘米以上，根长 18～20 厘米为合格苗。一般每亩产量 1 万～2 万株。

另外，刺槐不宜连作，与松属、侧柏、紫穗槐、杨树、臭椿等轮作，苗木生长旺盛，病虫害少。刺槐小苗的常见病虫害有地蛆、象鼻虫、蚜虫、立枯病等。发现虫害可用 40% 氧化乐果乳剂 1 500倍液喷雾防治。对于立枯病，在发病初，用 50% 的代森铵 300～400 倍液喷洒，灭菌保苗。

2. 无性繁殖育苗

刺槐是无性繁殖比较容易的树种，插根、插条、根蘖和嫁接均可采用。

①插根可选用粗 0.5～2 厘米的根，截成 10～15 厘米的小段，插入苗床毫克密度同杨插覆土覆膜，以利增温保墒催芽。

②插条宜选用 1 年生枝条中下部，截成 20 厘米的小段，于冬季沙藏后春插，春采条可用 2 000ppm 的萘乙酸溶液浸条 10 分钟，然后即可覆膜扦插（密度株距 3～5 厘米）。

③嫁接可采用劈接、靠接 2 种方法，所用砧木应为刚萌动苗，接穗最好为冬藏条，具体嫁接法同果树嫁接。

（三）苗木出圃

1. 苗木出圃标准

刺槐1年生苗可出圃造林，在河南1-0型播种苗Ⅰ级苗地径1.5厘米以上，苗高150厘米以上；Ⅱ级苗地径1.0~1.5厘米，苗高100~150厘米；Ⅲ级苗地径1厘米以下，苗高100厘米以下。在华北和宁夏、甘肃，1-0型播种苗Ⅰ级苗地径1.2厘米以上；Ⅱ级苗地径0.8~1.2厘米；Ⅲ级苗地径0.8厘米以下。

2. 起苗、包装与运输技术要点

刺槐苗出圃以截干苗为多，注意根系的修剪。在运输过程中不要风吹日晒，在来不及栽植时要随时假植。

（四）育苗年周期管理工作历

北方地区刺槐育苗管理全年工作历

技术要点	时间（月）											
	1	2	3	4	5	6	7	8	9	10	11	12
采种									◎●	○		
采条与制穗			●	○								
整地做床（垄）			○							●		
施基肥、土壤消毒			◎							○		
播种			●	○◎						◎●	○◎	
扦插			●	○								
播种地覆盖			●	○							●	
浇水				◎●	○◎		○◎					
松土除草				◎●	○◎							
追肥				●	◎		◎					
病虫害防治			○			○						
起苗				○						◎●		

二十二、国槐

国槐 *Sophora japonica* Linn. 属蝶形花科槐属，又称槐树。

落叶乔木，高 15 ~ 25 米，花冠蝶形、黄白色，荚果念珠状，花期 7 月，果期 9 ~ 10 月，果熟后经久不落。

国槐性耐寒，喜光，稍耐荫，不耐阴湿而抗旱，在低洼积水处生长不良，深根性，对土壤要求不严，较耐瘠薄，在石灰土及轻度盐碱地（含盐量 0.15% 左右）上也能正常生长。但在湿润、肥沃、深厚、排水良好的砂质土壤上生长最佳。耐烟尘，能适应城市街道环境。

国槐寿命长，是良好的绿化树种，常作庭园树和行道树。国槐材质坚硬，有弹性，纹理直，易加工，耐腐蚀。国槐果肉、花均可入药，槐花性凉味苦，有清热凉血、清肝泻火、止血的作用。

（一）国槐种质资源与繁殖材料

1. 优质种质资源选择

国槐集中分布于华北平原及黄土高原地区。各地用种应首选当地种源。目前国内已经发布的国槐良种有：国槐（登记编号：豫 S - SP - SJ - 018 - 2006）、'双季米' 槐（登记编号：鲁 S - SV - SJ - 015 - 2004）、'园槐一号' 槐（登记编号：鲁 S - SV - SJ - 027 - 2004）、'园槐二号' 槐（登记编号：鲁 S - SV - SJ - 028 - 2004）、'聊红' 国槐（登记编号：鲁 S - SV - SJ - 038 - 2007）。

2. 种子采收与处理

国槐种子为肉质荚果，约 10 月份成熟后由青变黄，种粒呈黑褐色。30 年生以上生长健壮的母树出种率高，种仁饱满。果实采摘后，待发软后搓去果肉，用水淘洗，捞出种子，阴干贮藏。

3. 插穗采集与剪截

于 10 月份落叶后，剪取生长壮实的新枝条，截成 15 厘米左右的小段，捆成捆放入水中浸泡 30 小时，让其吸足水分。然后把强力生根剂用水以百倍浓度比稀释，再加黏土打成糊状，涂蘸插条根部，马上扦插到温室育苗沙床上，温度保持在 30℃左右，湿度保持 80% 左右。

（二）标准化育苗关键技术

1. 播种育苗技术

（1）育苗地准备 国槐育苗地宜选有灌溉条件的砂壤土，育苗前一年秋或早春整地，深翻 20～25 厘米，播种前碎土耙平做床，床宽 1.5 厘米，长 10 厘米。播前灌足底水，待土壤湿度适宜时播种。

（2）种子催芽处理 春播前需对种子进行催芽处理，播前 20～25 天用 80～90℃的热水搅拌浸种 4～6 小时，捞出后掺砂 2 倍拌匀，置于室内堆积催芽或在砂藏沟中（沟宽 80 厘米，深 50 厘米，长度依据种子的多少而定）摊平，厚 20～25 厘米，上面撒些湿砂盖严，避免种子裸露，再覆盖塑料薄膜，以保温保湿，并经常翻动，使上下层种子温湿度保持一致、发芽整齐。待种子有 1/3～1/4 开裂后即可播种。

（3）播种时期 多采用春播（4 月中、上旬），秋季也可播种。

（4）播种 国槐常采用条播，行距 20～25 厘米，覆土厚度 1.5～2 厘米，7～10 天幼苗出土，幼苗期合理密植，防止树干弯曲，一般每米长留苗 6～8 株，1 年生苗高达 1 米以上。也可早春用营养钵育苗后移植定苗。在条件好的苗圃培育 1 年可出圃，出苗前保持土壤湿润。播种量按年产 9 万～12 万株/公顷，株行距 20～30 厘米，需种核 150～225 千克。

（5）苗木培育管理 国槐截干苗的管理除了中耕除草，灌水追肥，还应及时修剪和抹芽。在截干后 1 个月左右就能从基部萌发出 1～3 个萌条，5 月中旬留作主干的萌条高达 30～40 厘米，开始进行第一次松土、除草，以后每月 1 次，直到 8 月中旬为止。

6 月中、下旬气温高，雨量少，土壤干燥，要适当灌 1～2 次水，7 月上旬在雨后结合松土除草，追施尿素 5 千克/亩。

修枝抹芽从 5 月开始，一直到 8 月为止，需 3～4 次。第一次要选择一个健壮并与所留主干夹角小的萌条留下，以便培养成直立苗壮的主干，其余全部抹去。

播种苗、幼苗期间发现种蝇危害时，应及时喷洒1 000～1 500倍的敌敌畏溶液防治。5～6月追尿素3～4次，每次5千克/亩，5～8月每30～40天中耕除草1次。同时撒除草醚、毒土（每亩用除草醚0.75千克，掺湿润细土15千克），可保持30～40天不生杂草。发生蚜虫病害可喷40%乐果或50%马拉硫磷2 000倍溶液防治。槐尺蠖主要危害叶片，可喷洒杀螟松1 000～2 000倍液，或松毛虫杆菌500～1 000倍液，或80%敌敌畏1 500倍液防治。

2. 插条育苗技术

（1）*基质和插床准备*　常用的基质有细河沙、蛭石、珍珠岩、砂壤土、砂土等。多数情况下插床为长方形，长10～20米，宽1～1.2米。

（2）*扦插*　待根部出现嫩芽时，要及时移栽到温室地上，株行距15厘米×25厘米为宜。

（3）*插后管理*　小苗出齐10厘米左右时浇1次小水，进行叶面肥喷施，促进小苗生长。当外界平均温度在20℃时，将温室膜逐步揭掉（切忌一次就取掉膜，以防曝晒小苗），可再用遮荫网遮荫1～2周，以防死苗。

3. 国槐移植苗培育

为培育根系发达、苗龄较高的国槐苗木，可在第二年春季（3月中下旬），土壤解冻、芽萌动前将1年生苗掘起按30厘米×60厘米的株行距移入预先整好的苗床内，并及时灌1次水，勤养护，多施肥，促使根系生长。

秋季落叶后平茬，并施堆肥越冬，第三年春注意水肥管理，除草及去掉多余萌条，只留长势旺盛的萌蘖条作为主干进行培养，对侧枝生长过强者摘心促进主干向上生长，养干期间防治虫害损伤顶芽，4～6月及时防止尺蠖和蚜虫危害，入秋后停止施肥灌水，使主干充分木质化以利安全越冬。

（三）苗木出圃

1. 苗木出圃标准

在北方地区，国槐主要以移植苗出圃，1－2 型移植苗的标准为：Ⅰ级移植苗地径 2.5 厘米以上，苗高 250 厘米以上；Ⅱ级移植苗地径 1.5～2.5 厘米以上，苗高 200～250 厘米；Ⅲ级移植苗地径 1.5 厘米以下，苗高 200 厘米以下。2－2 型Ⅰ级移植苗地径 3.0 厘米以上，苗高 250 厘米以上；Ⅱ级移植苗地径 2.0～3.0 厘米以上，苗高 200～250 厘米；Ⅲ级移植苗地径 2.0 厘米以下，苗高 200 厘米以下。

2. 起苗、包装与运输技术要点

国槐根系分蘖能力强，栽植容易成活。但起苗和运输仍应注意保护根系不失水。

（四）育苗年周期管理工作历

北方地区国槐育苗管理全年工作历

技术要点	时间（月）											
	1	2	3	4	5	6	7	8	9	10	11	12
采种										◎●		
采条与制穗										◎		
整地做床（垄）			●	○						●		
施基肥、土壤消毒			●							●		
播种				○◎				●	○◎			
扦插										◎		
播种地覆盖				●					●			
浇水						◎●				●	◎	
松土除草					◎	◎	◎					
追肥					◎●	◎●	○					
病虫害防治				●	◎●	○◎						
起苗			◎	○								

二十三、悬铃木

悬铃木 *Platanus × acerifolia*（Ait.）Willd. 既可专称“三球悬铃木”，也是悬铃木属植物的通称，包括一球悬铃木（美国梧桐）、二球悬铃木（英国梧桐）、三球悬铃木（法国梧桐）3 种。

悬铃木为落叶大乔木，高可达 35 米。悬铃木系雌雄同株，4 月上旬幼叶与花序同放，4 月中旬开花，10 月下旬果实成熟，至 12 月上旬坚果全部散落，或部分悬挂在树上，经冬不落。4 年生开花结果，以后逐年增多，直至树木衰老。

悬铃木喜光，喜湿润、温暖气候，较耐寒。适生于微酸性或中性、排水良好的土壤，微碱性土壤虽能生长，但易发生黄化。根系分布较浅。抗空气污染能力较强，叶片具吸收有毒气体（二氧化硫、氯气）和滞积灰尘的作用。

悬铃木树干高大，生长迅速，易成活，耐修剪，所以广泛栽植作行道绿化树种，也为速生材用树种。

（一）种质资源与繁殖材料

1. 优质种质资源选择

悬铃木从北至南均有栽培，以上海、杭州、南京、徐州、青岛、九江、武汉、郑州、西安等地栽培的数量较多，生长较好。优良品种有‘银斑’英桐：叶有白斑；‘金斑’英桐：叶有黄色斑；‘塔型’英桐：树冠呈狭圆锥形，叶通常 3 裂，长度常大于宽度，叶基圆形。

中国于 20 世纪 70 年代末开始，通过株选、辐射诱变育种、三倍性育种等方法，选育叶片少毛和无果的新品种以克服这一缺点，并已初见成效。在华中农业大学、武汉园林科研所、江苏连云港市赣榆县沙河子园艺场、泰安等进行选育或杂交定向培育，现已育出基本无果或球果不发育的少球悬铃木。

2. 种子采收与处理

12 月间采头状果序（俗称果球）摊晒后贮藏，到播种时捶碎，不要捶碎后贮藏，否则容易丧失发芽能力，果实上附生的黄色毛可随同一起播种。悬铃木每千克头状果序（俗称果球）约有120个，每个果球约有小坚果800~1 000粒，千粒重4.9克，每千克小坚果约20万粒，发芽率10%~20%。

3. 插条的采集与剪截

在秋末冬初采条，以采穗圃实生苗干或生长健壮的母树干处萌生的1年生枝条为好。种条采回后，立即截成15~20厘米长的插穗，每个插穗保留2个节、3个饱满芽苞。下切口要靠近节下，一般离芽基部约1厘米左右，以利愈合生根，上切口距离芽先端0.5~1.1厘米，以防顶芽失水枯萎。插穗每50~100根捆成1捆，然后在排水良好、背风向阳处挖一个深60~80厘米、宽80厘米的坑，坑长以插穗多少来确定。坑底铺一层虚土，将插穗大头朝下，直立排放在虚土上，最后覆土掩盖成圆球形，以防雨水渗入，待翌年春季取出进行扦插。春季也可随采随插。

（二）标准化育苗关键技术

1. 播种育苗技术

（1）育苗地准备　悬铃木育苗地宜选苗床宽1.3米左右，床面细致平坦，床面施腐熟厩肥或腐殖质土2.5~5千克/平方米。黏土宜掺砂改良。

（2）播种时期　悬铃木在3月下旬至5月上旬阴雨天播种最好，3~5天即可发芽。

（3）播种　晴天播种先将床面灌水湿透，播种前将小坚果浸泡2个小时，播后盖草喷水，保持土面经常湿润。约播种225千克/公顷。

（4）苗木培育管理　悬铃木种子发芽后揭草，幼苗遇骤雨暴晴，往往萎蔫，需及时搭棚遮荫，当幼苗具有4片叶子时即可拆除荫棚。苗高10厘米时可开始追肥，每隔10~15天施1次。

危害悬铃木的害虫主要有星天牛、光肩星天牛、六星黑点蠹蛾、美国白蛾、褐边绿刺蛾等，可用化学药剂喷涂枝干或树冠，常用药剂有40%氧化乐果乳油、50%辛硫磷乳油、90%敌百虫晶体、25%溴氰菊酯乳油等100～500倍液。用注射、堵孔法防治已蛀入木质部的幼虫。对于多数天牛、木蠹蛾幼虫可采用注射器或用药棉蘸敌敌畏、氧化乐果、溴氰菊酯等1～50倍液塞入虫孔；用磷化铝片或磷化锌毒签塞入虫孔，外用黄泥封口，效果均很好。法桐霉斑病是主要病害，可采用换茬育苗的方式进行防治，严禁重茬；秋季收集留床苗落叶烧除，减少越冬菌源；5月下旬至7月，对播种培育的实生苗喷1:2:200倍波尔多液2～3次，有较好的防病效果，药液要喷到实生苗叶背面。

2. 插条育苗技术

本树种多采用硬枝扦插育苗。具体技术如下。

①基质和插床准备。扦插前要选定排水良好、土质疏松、深厚肥沃的地块，进行深翻、消毒、整平后做成扦插床。3月上、中旬将扦插床大水漫灌1遍，等水渗完后，整床覆地膜。

②扦插。扦插时将沙藏的插穗，置于TDZ生根剂1 000倍液中浸泡2～3天，每24小时换生根液1次。浸穗完成后，按株行距15厘米×30厘米进行扦插。插前先用与插穗粗细一致的硬棍打孔深约10厘米，然后进行扦插，插穗露出地面约5厘米左右，整床插完后用细土封堵插穗周围，使插穗与土壤紧密接触。

③插后管理。悬铃木插穗主芽的两侧有副芽和潜伏芽，有时叶芽在未生根前萌发，形成假活现象，但抽出的新枝不久就会枯死，约经10天左右，副芽又会萌发，表明插穗已经成活。生根后，萌芽条高6～10厘米时，留一个强壮枝培育主干，其余均剪除。如发现有萎芽现象，可摘去1～2片叶，或摘去主芽条，保留副芽条。生长期间，枝叶过密时要适当剪去二次枝，摘除黄叶，保持通风透光。

要经常保持苗床湿润，以利插穗生根。插穗生根后，在6～8月间适时施速效肥，以尿素为主。生长期的病害较少，但要注意防治蚜虫，发现蚜虫后可喷洒 2 000 ~ 3 000 倍液的阿维菌素或 2 000 倍液的吡虫啉溶液。

当年生苗高可达 1.5 米以上，1 年后可以移植大田，6 年生时可以出圃用于城市绿化。

3. 移植苗培育

1 ~ 3 年生的悬铃木苗木生长缓慢，不适于造林，应通过留床或移植，培育成健壮大苗出圃。悬铃木采用裸根穴栽，经过截干后可进行秋栽。种苗应当选择当年生优质苗，如少球悬铃木。若栽植 2 米以上的大苗，则可按 60 厘米 ×60 厘米的株行距定点。

（三）苗木出圃

1. 苗木出圃标准

悬铃木一般以 1 - 0 型插条苗出圃，在河南、山东的出圃标准为：Ⅰ级苗地径 1.5 厘米以上，苗高 200 厘米以上；Ⅱ级苗地径 1.0 ~ 1.5 厘米，苗高 120 ~ 200 厘米；Ⅲ级苗地径 1 厘米以下，苗高 120 厘米以下。

悬铃木大规格苗木需求较大，出圃时要求根、枝干、叶片基本无病虫害和机械损伤。一般有胸径 4 ~ 6 厘米、7 ~ 10 厘米、10 ~ 12 厘米几种规格类型的苗木。大规格苗木出圃时苗木定干高度 3.5 ~ 4 米，分枝点高 2.5 ~ 3 米，主枝 3 ~ 5 个，不偏冠，根系发达，枝叶生长健壮，品种纯正。

2. 起苗、包装与运输技术要点

悬铃木移栽容易成活，小苗或休眠期栽植，裸根起苗即可，起苗时在苗木的株行间开沟挖土，露出一定深度的根系后，斜切去掉过深的主根，起出苗木，并抖落泥土，操作时要轻，不伤根系。可不包装，常规运输要求。栽植较大的悬铃木时，应带土球起苗，起苗前先将苗木的枝叶捆扎，主干用草绳包扎，以免运输中损伤。铲去表面 3 ~ 5 厘米的浮土，以苗干胸径 5 倍的距离切断水平根系，达到所需深度后，向内斜削，使土球呈橘子形。带土球苗木应保证土球完好，表面光滑，包装严密，底部不漏土。起苗或栽植前要重剪，可按栽培需要定统一的主干高度，把上部树干全部剪掉，这样新发的树冠长势旺盛且整齐美观。运输途中，必须对苗木采取保湿、降温、通风、防日晒等措施；苗木运到目的地后，立即开包栽植或假植。起苗后苗木不能立即外运或栽植时，要进行假植。秋季起苗、翌春栽植的苗木，必须进行越冬假植。

（四）育苗年周期管理工作历

北方地区悬铃木育苗管理全年工作历

技术要点	时间（月）											
	1	2	3	4	5	6	7	8	9	10	11	12
采种												○◎
采条与制穗		◎●	○◎	○						●	○	
整地做床（垄）			●	○						●		
施基肥、土壤消毒			●							●		
播种			●	○◎	○							
扦插			◎●	○◎								
播种地覆盖				○◎								
浇水				◎●	○◎	○◎				●	◎	
松土除草				◎●	○◎	◎						
追肥						◎●	◎	○◎				
病虫害防治					●	◎●	○					
起苗			◎									

二十四、毛白杨

毛白杨 *Populus tomentosa* Carr. 属杨柳科杨属，别称响杨、大叶杨。

大乔木，树高达25米。柔荑花序，雌雄异株，先叶开放；雄花序长约 10 ~ 14 厘米；苞片卵圆形，尖裂，具长柔毛；雄蕊 8；雌花序长 4 ~7 厘米；子房椭圆形，柱头 2 裂。蒴果长卵形，2 裂。花期 3 月。果期 4 月。

强喜光树种。喜凉爽湿气候，在暖热多雨的气候下易受病害。喜深厚肥沃砂壤土，不耐过度干旱，稍耐碱。在 pH 值 8.5 的土壤中亦能生长。大树耐湿，抗风，耐烟尘，抗污染。深根性，根系发达，萌芽力强，生长较快，寿命是杨属中最长的树种，长达 200 年。

毛白杨树体高大挺拔，姿态雄伟，叶大荫浓，生长较快，适应性强，是城乡及工矿区优良的绿化树种。也常用作防护林、用材林。

（一）种质资源与繁殖材料

1. 优质种质资源的选择

毛白杨的优良种质资源很多，近年推广较多的主要有三倍体毛白杨、84K 杨、河北雌株、窄冠白杨、鲁毛 50 等。国家林业局发布的良种还有：毛白杨 CFG37（登记编号：国 S - SC - PT - 006 - 2002）、毛白杨 CFG1012（登记编号：国 S - SC - PT - 007 - 2002）、毛白杨 30 号（登记编号：国 R - SC - PT - 003 - 2002）、毛白杨 CFG304（登记编号：国 R - SC - PT - 016 - 2002）、毛白杨 CFG9807（登记编号：国 R - SC - PT - 017 - 2002）、毛白杨 CFG1011（登记编号：国 R - SC - PT - 018 - 2002）、毛白杨 CFG301（登记编号：国 R - SC - PT - 019 - 2002）、毛白杨 CFG2012（登记编号：国 R - SC - PT - 020 - 2002）、毛白杨 CFG9832（登记编号：国 R - SC - PT - 021 - 2002）、毛白杨 CFG351（登记编号：国 R - SC - PT - 022 - 2002）、毛白杨 CFG34（登记编号：国 R - SC - PT - 023 - 2002）、塔形毛白杨 CV - BJHR01（登记编号：国 S - SC - PT - 001 - 2006）、塔形毛白杨 CV - BJHR02（登记编号：国 S - SC - PT - 002 - 2006）、塔形毛

白杨 CV－BJHR03（登记编号：国 S－SC－PT－003－2006）、塔形毛白杨 CV－BJHR04（登记编号：国 S－SC－PT－004－2006）、塔形毛白杨 CV－BJHR06（登记编号：国 S－SC－PT－005－2006）、塔形毛白杨 CV－BJHR07（登记编号：国 S－SC－PT－006－2006）、锥干型毛白杨 CV－BJHR09（登记编号：国 S－SC－PT－007－2006）等。

2. 种子采收与处理

毛白杨种子的寿命极短，果实成熟后迅速开裂，种粒小而轻且带有絮毛，在干燥天气下在短时间内就会飞散。因此，采种应在果皮由青变黄，个别蒴果开裂时立即采集果穗。采回到果穗放在室内摊开、阴干，经抽打、筛选，可得纯净种子。种子不适宜长期贮藏，可采用低温密封保存一段时间。

3. 种条的采集与保存处理

苗木进入休眠期时，即在 11 月中、下旬至 12 月上、中旬，选择生长健壮，发育良好，无病虫害，芽子饱满、树干基部或根蘖的 1 年生萌发条或苗干作种条采集。

种条截制插穗应按上、中、下三个部位剪取，一般基部和中部较好，梢部最差。插穗长度一般 17～20 厘米较为适宜，直径 1～1.6 厘米，上端需具有 1～2 个健壮侧芽。

插穗扦插前，可浸入流水中 7～10 天，也可用 0.5%～5% 的糖液或 0.1%～0.5% 硼酸药液浸泡 24 小时；还可用 250 毫克/千克萘乙酸配成泥浆蘸插穗下端 1/3～1/2 部分或 50 毫克/升的 ABT 生根粉溶液浸泡 1～2 小时等。如需越冬保存可采用湿沙窖藏的方法。

（二）标准化育苗关键技术

1. 播种育苗技术

毛白杨种子发芽率下降很快，采到的种子要尽快播种。一般采用落水撒播，即在播种前充分灌足底水，当水刚渗入圃地时立即在湿土上播种，可将种子与细砂混合后再播，播种后苗床内应盖0.15厘米厚的细砂并覆草或盖苇帘，以保湿并防止土壤板结。幼苗出土后，每天早晨或傍晚浇小水以便创造湿润、凉爽的环境条件，15~20天后进入正常管理。

2. 无性繁殖育苗技术

(1) 插条育苗技术　当平均温度稳定在22~24℃时开始扦插。一般采用直插或斜插的方法，也可采用浅插封垄的方法，即在湿润的育苗地，每隔60厘米开深10厘米左右、宽15厘米左右的小沟，沟内灌水后，把插穗竖放在沟内，用土封成垄状。在湿润地区或灌水条件较好的圃地，扦插时应将插穗上部的第一个芽露出地面。扦插密度多采用30厘米×70厘米的株行距。

扦插后要经常保持床面湿润。在幼苗开始出现期间，应经常用小水浅灌。同时，还要注意及时松土、除草、追肥、抹芽并进行防治病虫害等工作，保证苗木健壮生长。

(2) 埋条育苗技术　主要有垄床埋条和点状埋条2种。垄床埋条是把种条平埋在垄床的两侧半坡上，其高度在灌溉时，以不淹没种条为宜，覆土厚度2~3厘米，并稍加镇压。在灌溉方便的砂壤土上，也可采用平床埋条，覆土0.5~1厘米，要经常保持地表湿润。点状埋条是在苗床上开成深3厘米左右，宽5~10厘米的小沟，把种条平放在沟内，每隔30~40厘米远，用湿土堆一小土堆。此外，还有短条堆土封口浅埋法，即把长25~30厘米，直径1~2厘米的种条，平放于沟内，在两个种条相接的地方堆一个碗大的土堆，种条中间覆土0.5~1厘米或露出地面。

当灌溉后覆土过厚，影响埋条侧芽萌发出土时，用竹片按株距把淤土过厚的地方挑起，使侧芽外露出来，促使萌发生长，这个过程叫晒芽。埋条后为防止因地温过高使新根干枯而造成幼苗死亡，要及时培土和适时灌溉，这个过程叫保根。培土结合中耕除草，分次进行，也可一次培好。

埋条育苗，当幼苗生长到50厘米左右高时，要在株间断条，然后埋土养株，促其单株生长。

(3) 留根育苗技术 在2年生以上的毛白杨育苗地，秋后起苗，挖苗时，先在苗木周围20厘米左右处用铁锹将苗根切断，然后刨断主根。对于埋条苗，可在与埋条平行一侧，距苗干基部10厘米处垂直下锹，然后截断埋条深达20~30厘米，再从另一侧25厘米处斜插根系下部，将苗木挖出。挖苗后，按原苗行作苗床，施入基肥。注意不宜在原行上翻地，以免伤根过多。若育苗地留根过多，可在施肥后进行浅耕，耕后不耙。

留根萌发前，为防地表板结，影响留根萌芽出土，一般不进行灌溉，但应在冬季或早春灌足底水。留根萌发出土后，多呈簇状，可在苗高10厘米左右时进行间苗，每簇留苗1株或2~4株；也可把小苗分开，进行培土，促使基部生根，培育带根小苗，供翌年移栽用。

(4) 嫁接育苗技术

①枝接。苗木落叶后到翌年春季发芽前，以加杨、大官杨、山海关杨等为砧木，选表现好的优良无性系作接穗。砧木粗度以1.5~2厘米为好，截成10~12厘米长；接穗以0.5~0.7厘米粗较好，截成13~15厘米长，其上应有4~5个饱满芽。在接穗下边一个芽的两侧，削成双边斜面，外宽内窄，斜面长1.8~2.0厘米。根据接穗选择合适的砧木，在顶端一侧斜削一刀，并在斜面中心纵开口，把削好的接穗插入劈口内，对准形成层，挤紧接穗，而后用塑料条缚紧。

嫁接好的插条，每50根捆成一捆进行贮藏。贮藏窖宜选择地势高而干燥，背风向阳的地方，一般窖宽1米，深60~70厘米，长度以1~2米为宜。放嫁接插条时，先用水在坑底拌成3~5厘米深的泥浆，将条捆齐，接穗朝上，排放窖内。然后用细湿土或细湿沙填充空间，封至高于地面15厘米左右即可，上边再覆草防冻和防止雨水冲刷。

在3月上、中旬将嫁接插条按株行距20厘米×70厘米进行扦插，扦插方法同插条育苗，但要注意严防砧木与接穗动摇而损伤愈伤组织；土壤要湿润疏松，随取随插；插苗深度要使接口低于地面3厘米左右，插后封成土垄，以防水分蒸发；砧木芽萌发后要及时抹芽以促进毛白杨生长。当生根成活幼苗长到40~50厘米时，在苗行上松土、施肥、培土，到速生期时再施肥、培土1次。

②芽接。以1年生地径粗度为1~2厘米的加杨、大官杨等苗木为砧木；以当年生优良无性系的毛白杨枝条中部生长健壮、发育饱满的芽作接芽。

芽接时，采用“T”形芽接法。6月中旬至9月上、中旬间，在当年已木质化的苗干上，每隔20厘米左右接1个毛白杨芽，接后绑紧。成活后，及时解绑。砧木苗落叶后或翌年发芽前，把接活的毛白杨芽剪成插穗扦插，插穗上切口，要高出接芽1.5~2厘米。方法同插条育苗，所不同的是，采用沟插，插穗上的接芽要低于地面3~5厘米，苗高15厘米左右时，及时培土，以促进毛白杨接芽苗基部产生新根。出圃时去掉砧木后再造林。

（三）苗木出圃

1. 苗木出圃标准

毛白杨播种育苗很少采用，因此目前各地还没有相应标准。2-0型埋条Ⅰ级苗地径2.5厘米以上，苗高300厘米以上；Ⅱ级苗地径1.5~2.5厘米，苗高200~300厘米；Ⅲ级苗地径1.5厘米以下，苗高200厘米以下。

2-0型嫁接Ⅰ级苗地径3厘米以上，苗高400厘米以上；Ⅱ级苗地径2~3厘米，苗高300~400厘米；Ⅲ级苗地径2厘米以下，苗高300厘米以下。

2. 起苗、包装与运输技术要点

毛白杨基本上均为裸根造林，起苗时要根据出圃苗木的规格保留足够的根系，防止起苗时根系出现劈裂。如有伤根，要进行修剪。苗木近距离运输可以不用包装，但运输途中要防止风吹日晒。远距离运输必须将根系用蒲包包裹，中间垫填苔藓等湿润物保湿。

（四）育苗年周期管理工作历

北方地区毛白杨育苗管理全年工作历

技术要点	时间（月）											
	1	2	3	4	5	6	7	8	9	10	11	12
采种				◎								
采条与制穗				○							◎●	○◎
整地做床（垄）			●	○						●		
施基肥、土壤消毒			●							●		
播种				●	○							
扦插			◎●	○◎								
嫁接						◎●	○				◎●	○◎
播种地覆盖				●	○							
浇水				◎●	○◎	○◎				●	◎	
松土除草				◎●	○◎	◎						
追肥						◎●	◎	◎				
病虫害防治					●	◎●	○					
起苗			◎							◎●		

二十五、红叶黄栌

红叶黄栌 *Cotinus coggygria* var. *cinerea* Engler 属漆树科黄栌属，别名红叶、光叶黄栌。

灌木或小乔木，高 3 ~ 5 米。圆锥花序；花杂性，雄蕊 5，长约 1.5 毫米，花药卵形，与花丝等长，花盘 5 裂，紫褐色；花柱 3，分离；果序长 5 ~ 20 厘米，有多数不育花的紫绿色羽毛状细长花梗宿存，核果肾形，径 3 ~ 4 毫米。花期 4 ~ 5 月；果熟期 6 ~

7月。

喜光，也耐半荫；耐寒，耐干旱瘠薄土壤，但不耐水湿。以深厚、肥沃而排水良好之砂壤土生长最好。生长快；根系发达。萌蘖性强。对二氧化硫有较强抗性。

叶子秋季变红，色泽鲜艳，具有很高的观赏价值。另外，其木材可提取黄色染料，并可制作家具或用于雕刻。树皮和叶可提制栲胶；枝叶入药有消炎、清热之功效。

（一）种质资源与繁殖材料

1. 优质种质资源选择

北京地区有长叶黄栌、光叶黄栌和紫霞黄栌几个优良品种或类型。

2. 种子采收与处理

选择结果早，品质优良的健壮母树，于6月下旬至7月上旬果实成熟（变为黄褐色）时，及时采收，否则遇风容易将种子全部吹落。采集后风干，去杂，过筛，精选，晾干，存放到干燥阴凉处备用，并防止虫害、鼠害。干燥的核果或除去果皮的种子均可作为播种材料。可于冷凉处袋装干藏。

（二）标准化育苗关键技术

黄栌主要采用播种育苗，其关键技术如下。

1. 圃地选择及整地

选地势较高，土壤肥沃，水肥条件较好，排水良好的壤土为育苗地。土壤黏度较大时，可结合整地加入适量细沙或蛭石进行土壤改良，整地时间以3月上、中旬为宜，整地时施足基肥，每亩施腐熟有机肥3 000千克左右，并施30～50千克复合肥，深翻耙细捡去杂物。

2. 种子催芽处理

黄栌种子的处理根据播种期的不同可选择不同的时间进行。春播种子要提前40～50天处理种子。先将种子风选或水选除去秕种，然后加入清水，用手揉搓几分钟，洗去种皮上的黏着物，滤净水，重换清水并加入适量的高锰酸钾或多菌灵，浸泡3天，捞出掺2倍的细沙，混匀后贮藏于背荫处，令其自然结冰进行低温处理。至2月中旬选择背风、向阳，地势高而干燥处挖深约40厘米，长宽约60~80厘米的催芽坑，然后将种沙混合物移入坑内，上覆10厘米左右的细沙，中间插草束通气，坑的四周挖排水沟，以防积水。在催芽过程中应注意经常翻倒，并保持一定的湿度，使种子接受外界条件均匀一致，发芽势整齐，同时防止种子腐烂。3月下旬至4月上旬种子吸水膨胀，开始萌芽，待有25%~30%种子露白时即可播种。

秋播一般在6月采种后混沙贮藏2个月左右，果皮软化后，8~9月间播种，当年有少量出土，越冬时覆草保护，翌春可出齐。

3. 播种时期

黄栌播种育苗既可春播也可秋播。春播以3月下旬至4月上旬为宜。

4. 播种

一般以低床为主。播前3~4天用福尔马林或多菌灵进行土壤消毒，灌足底水。待水落干后按行距33厘米，拉线开沟，将种沙混合物稀疏撒播，每亩用种量6~7千克。下种后覆土约1.5~2厘米，轻轻镇压、整平后覆盖地膜。同时在苗床四周开排水沟，以利秋季排水。注意种子发芽前不要灌水。一般播后2~3周苗木即可出齐。

5. 苗期管理

(1) 灌溉与排水　在苗木生长的前期灌水要足，但在幼苗出土后20天以内严格控制灌水，在不致产生旱害的情况下，尽量减少灌水。间隔时间视天气状况而定，一般10~15天浇水1次；后期应适当控制浇水，以利蹲苗，便于越冬。在雨季，应注意排水，以防积水，导致根系腐烂。

（2）间苗、定苗 黄栌幼苗应适当密植。在苗木长出 2～3 片真叶时可进行 1 次间苗。在叶子相互重叠时进行第二次间苗。间苗时除去发育不良、有病虫害、有机械损伤和过密的，同时使苗间保持一定距离，株距以 7～8 厘米为宜。另外可结合 1～2 次间苗进行补苗，最好在阴天或傍晚进行。

黄栌病虫害较多，常见的有蚜虫、立枯病、白粉病和霉病等。蚜虫危害叶片、嫩茎和顶芽，造成叶片皱缩、卷曲、虫瘿以致脱落，严重时导致植株枯萎、死亡。防治方法：5～8 月间每 15 天喷 1 次乐果、50% 马拉硫磷乳剂或 40% 乙酰甲氨磷 1 000～1 500 倍液，也可喷鱼藤精 1 000～2 000 倍液。黄栌立枯病造成根部或根颈部皮层腐烂，严重时造成病苗萎蔫死亡。防治时应及时处理病株，喷洒 50% 的多菌灵 50% 可湿性粉剂 500～1 000 倍液或喷 1∶1∶120 倍波尔多液，每隔 10～15 天喷洒 1 次。

（三）苗木出圃

1. 苗木出圃标准

黄栌 1－0 型播种苗出圃，Ⅰ级苗为地径大于 0. 8 厘米，苗高大于 100 厘米；Ⅱ级苗为地径 0. 5～0. 8 厘米，苗高大于 70～100 厘米。

2. 起苗、包装与运输技术要点

裸根出圃，起苗时注意根系保护，不要伤根，速蘸泥浆。用蒲包包裹根系。远距离运输注意温湿度，不要出现发热现象。

（四）育苗年周期管理工作历

北方地区红叶黄栌育苗管理全年工作历

技术要点	时间（月）											
	1	2	3	4	5	6	7	8	9	10	11	12
采种						○						
整地做床（垄）			○◎									

（续）

技术要点	时间（月）											
	1	2	3	4	5	6	7	8	9	10	11	12
施基肥、土壤消毒			○◎							●		
播种			●						●			
播种地覆盖			●									
浇水			●	◎●	○◎	○◎				●	◎	
松土除草			●	◎●	○◎	◎						
追肥						◎●	◎	◎				
病虫害防治					●	◎●	○					
起苗			◎							◎●		

二十六、白桦

白桦 *Betula platyphylla* Suk. 属桦木科桦木属，别称粉桦、臭桦、桦木、桦皮树。

白桦为落叶乔木，高可达25米，胸径50厘米。白桦系雌雄同株，花单性。花期5~6月；8~10月果熟。

白桦喜光，不耐荫，耐严寒。对土壤适应性强，喜酸性土，沼泽地、干燥阳坡及湿润阴坡都能生长。深根性，耐瘠薄。常与红松、落叶松、山杨、蒙古栎混生或成纯林。

白桦庭园、公园草坪、池畔、湖滨或道旁的配景树种。白桦树汁是一种无色或微带淡黄色的透明液体，具有抗疲劳、止咳等药理作用，被欧洲人称为“天然啤酒”和“森林饮料”。

（一）种质资源与繁殖材料

1. 优质种质资源选择

近年来，白桦研究较多，各地发布的良种有：穆棱白桦母树林种子（登记编号：龙S－SS－BP－007－2007）、海林白桦母树林种子（登记编号：龙S－SS－BP－012－2007）、欧洲白桦种源（登记编号：吉S－SP－BP－2007－009）、白桦强化种子园种子

(登记编号：国－S－SSO（1）－BP－001－2003)。

2. 种子采收与处理

白桦采种一般在9月初，当果序轴由绿变黄时，果穗即将开裂时选择健壮的壮龄母树采种。摘下的果穗放在阴凉通风的晒席上晾晒，每隔1～2小时翻动1次，5～7天果穗干裂时，揉搓，通过风选和筛选净种。种子可边采边用，如需第二年育苗时，净种后晾3～5天，装入麻袋，放在通风干燥处备用。亦可雪藏处理。

（二）标准化育苗关键技术

1. 播种育苗技术

(1) 育苗地准备　白桦育苗地宜选阴坡或半阴坡坡度平缓、排水良好、肥力较高的砂质壤土或轻黏壤土为好。于育苗前一年的伏天进行整地，深翻30厘米。播前用硫酸亚铁、赛力散进行土壤消毒，每亩施腐熟有机肥1 500～2 500千克作底肥。然后做床。床宽1.2米，步道宽30厘米，长可因地形而定。

(2) 种子催芽处理

①雪埋催芽。在1～3月间选择背阴处，降雪后把雪收集起来，放在事先准备好的坑中或地面上，厚度30～50厘米，然后将种子用3倍体积的雪拌匀，盛入麻袋或木箱等容器中，置于雪上，再用雪将上部及四周盖严。为防止早春雪溶化，在雪上覆40～50厘米的杂草。播种前3～5天将种子由雪中取出，置于向阳处(或用清水化雪)，待雪化净后，用0.5%的高锰酸钾消毒2小时，捞出后稍阴干既可播种。亦可将种子置于温暖处进行短期催芽，当有50%的种子裂口时，即可播种，发芽率达70.1%。如冬季无雪亦可将种子混入碎冰中进行埋藏。

②室内恒温催芽。于播种前7天将种子用0.5%的硫酸铜溶液浸种4小时，进行消毒，再用45℃的温水浸泡2天，捞出后放在25℃左右的温箱内或屋内进行催芽。催芽时要经常检查、翻

动，要保持适宜的温度和湿度。等到种仁膨胀并有 1/3 以上裂嘴时将种子放入缸内加水搅拌，去掉漂浮的秕籽和杂质，捞出后放到背阴处，掺入干净的细沙，即可播种。

(3) 播种时期 春播（4 月下旬或 5 月上旬），秋播（10 月下旬～11 月上旬）均可，在没有晚霜危害的前提下可采用秋季育苗。

(4) 播种 白桦采用条播，播幅 10 厘米，行距 15～20 厘米。要注意覆土厚度，用筛子将细沙土均匀撒于播种沟内，以不见种子为宜，并轻轻镇压，使种子和土壤密接。播种量为 15～22 千克/公顷。

(5) 苗木培育管理 播种后要进行覆盖并及时洒水，使床面保持一定的湿度。播种后 7～8 天即可出土。幼苗极易遭受旱风和日灼危害，应进行遮荫，床面透光度 40% 左右。待苗木长出 2～4 个真叶时可不再遮荫。及时松土除草，白桦 1 年生苗高约 2 厘米，冬季要注意预防冻害。

白桦尺蠖、中带齿舟蛾是内蒙古大兴安岭地区白桦林的重要食叶害虫，一般混合危害。在 1～3 龄幼虫期施放 741 烟雾剂，每亩 500 克或采用超低容量直接喷撒马拉硫磷原油，每亩 75～85 克，试验灭虫效果 90% 以上。

2. 绿化大苗移植培育

翌春起苗，大垄移植，按 30～35 厘米株距大垄单行移植，培育 2 年生苗高约 2.5～3.0 米以上可于春季起苗出圃用于园林绿化。移植苗的培育技术、管理措施与一般移植大苗相似，不必特殊管理。

（三）苗木出圃

1. 苗木出圃标准

白桦 1－0 型播种苗出圃，在东北地区，Ⅰ级苗为地径大于 0.45 厘米，苗高大于 35 厘米；Ⅱ级苗为地径 0.35～0.45 厘米，苗高大于 30 ~ 45 厘米。

2. 起苗、包装与运输技术要点

裸根出圃，起苗时注意根系保护，不要伤根，速蘸泥浆。用蒲包包裹根系，内垫填苔藓等湿润物。远距离运输注意温湿度，不能出现发热现象。

（四）育苗年周期管理工作历

北方地区白桦育苗管理全年工作历

技术要点	时间（月）											
	1	2	3	4	5	6	7	8	9	10	11	12
采种							●	○				
采条与制穗					◎●							
整地做床（垄）			●	○						●		
施基肥、土壤消毒			●							●		
播种				●	○					●	○	
播种地覆盖					○◎						○◎	
浇水					●	○◎					●	
松土除草						○◎	◎				●	
追肥						◎	◎				◎	
病虫害防治						○◎						○◎
起苗			◎							◎		

二十七、栓皮栎

栓皮栎 *Quercus variabilis* Blume 属壳斗科栎属，别名软木栎、粗皮栎、白麻栎。

落叶乔木，高达 25 米，胸径 1 米；坚果球形，直径 1.5 厘米，顶圆微凹。4 ~5 月开花，翌年 8 月下旬至 10 月上旬果熟。

深根性，主根明显，幼年生长缓慢，4 ~5 年后生长加快，萌芽力强，以种子或萌芽繁殖；喜光，稍耐寒；对土壤要求不严，耐旱；抗风，抗火。

木材坚韧耐磨，纹理直，耐水湿，结构略粗，是建筑、车、造船、家具等的重要用材。栓皮可作绝缘、隔热、隔音、瓶塞等原材料，种子含大量淀粉，可提取浆纱或酿酒，其副产品可作饲料，总苞可提取单宁和黑色染料，枝干还是培植银耳、木耳、香菇等的材料。因根系发达，适应性强，树皮不易燃烧，又是营造防风林，水源涵养林的优良树种。

（一）种质资源与繁殖材料

1. 优质种质资源选择

湖南省的城步、临武、永兴县，河南洛宁、灵宝，北京平谷等地均有栓皮栎种子生产基地。河南省发布有良种资源，即：栓皮栎（编号：豫 S－SP－QV－013－2006）。

2. 种子采收与处理

宜选择 30～100 年生，干形通直完满，生长健壮无病虫害的母树采种。种熟时种壳棕褐色或黄色。良好的种子，棕褐色或灰褐色，有光泽，饱满个大，粒重，种仁乳白色或黄白色。

栓皮栎种子含水率很高，气干种子含水率 40%～60%，无休眠期，易发芽霉烂，且多受虫害。采后应立即放在通风处摊开阴干，每天翻动 2～3 次，至种皮变淡黄色，种内水分消失达 15%～20% 时便可贮藏。贮藏前用 0.5% 六六六粉以 1∶100 的重量拌种，再用沙撒盖在上面，以不见种子为度，经 24 小时后，即可杀死象鼻虫和虫卵，也可用二硫化碳或敌敌畏密闭熏蒸 24 小时，然后贮藏。

种子贮藏通常有下列 3 种方法。

（1）室内沙藏　选通风干燥的室内或棚内，先铺一层沙，接着铺一层种子，厚度 8～10 厘米，如此一层沙一层种子堆上去，堆的高度不超过 0.7 米。也可将沙和种子拌在一块堆藏。但无论哪种，堆中间都必须间隔竖立草把，以利通气，防止种子发热霉烂。

（2）室内窖藏 在露天选干燥的地方挖地窖，宽与深各1米，一层沙一层种子堆至距窖口20~30厘米的地方为止，上面再用干沙盖满。堆的同时，在窖中间同样并列竖立许多草把，然后用土堆在上面成土丘，丘上再盖草或席子等，四周挖沟排水。

（3）流水贮藏法 用竹篓、柳筐盛种子，放在流速不大的河边、溪流中，用木桩固定篓、筐，防止被流水冲走。

上述三种贮藏方法都必须注意定期检查，发现有霉烂或鼠害等要及时处理。

（二）标准化育苗关键技术

1. 播种育苗技术

（1）育苗地准备 圃地选排灌方便、土壤疏松肥沃的土地做床。

（2）种子催芽处理 栓皮栎种子可以不经处理直接播种育苗，也可采用低温层积催芽后播种。

（3）播种时期 栓皮栎种子无休眠期，播种时期因地区而异，可以随采随播（秋播），也可用春播。

（4）播种 播种一般既可采用床作，也可采用垄作。点播，行距15~18厘米，开沟沟深6~7厘米，沟内每隔10~12厘米播1粒种子，每亩播种量90~120千克，将种子横向置入沟中，覆土厚度3~5厘米。

（5）苗木培育管理 幼苗出土前后，必须保持苗床一定湿度，要注意灌溉和松土除草，每次大雨后，必须在苗床上加盖一层细肥土，以补充流失。在施足基肥的基础上，因地因苗适时追肥，第一次在6月上、中旬生长旺期，第二次在7月下旬，即第一次新梢生长基本停止时追肥，以提供孕育二次新梢的养分。

2. 容器育苗

容器育苗既可在春季进行，亦可在秋季进行。

（1）春季容器育苗 一般在4月初，待大部分种子开始发芽时将贮藏的种子取出，在已装好营养土的容器内播种育苗，容器规格一般是直径 8 ~10 厘米，深 18 ~28 厘米，底部有孔，营养土可用草炭和壤土混合，每个容器放已长出胚根的种子 1 ~2 粒，覆土厚度 1 ~2 厘米。

(2) 秋季容器育苗　一般都是随采随播，每个容器放种子 2 粒，已播种的容器要放在背风向阳的地方，按畦式排列，周围培埂保湿，播好后灌 1 次水，冬季进行覆草防寒。

（三）苗木出圃

1. 苗木出圃标准

栓皮栎 1 –0 型苗苗高 20 厘米以上，地径 0. 4 厘米以上即可达到出圃条件。

2. 起苗、包装与运输技术要点

栓皮栎根系发达，裸根起苗注意保护侧根。根系蘸泥浆后包装。在运输过程中注意保湿，特别是带叶运输时，要防止高温、高湿。

（四）育苗年周期管理工作历

北方地区栓皮栎育苗管理全年工作历

技术要点	时间（月）											
	1	2	3	4	5	6	7	8	9	10	11	12
采种									●			
整地做床（垄）			●	○						●		
施基肥、土壤消毒			●						◎	○		
播种				◎●					◎	○		
播种地覆盖				◎●	○							
浇水				◎●	○◎	○◎						
松土除草				●	○◎	◎	◎	○				
追肥						○◎	●					
病虫害防治					○◎	◎●						
起苗			◎							◎●		

二十八、辽东栎

辽东栎 *Quercus liaotungensis* Koidz. 属壳斗科栎属，别名辽东柞、柞树、柴树、杠树、橡树、青冈等。

落叶乔木，高 10 ~ 20 米。花单生，雌雄同株，柔荑花序下垂。花期 5 ~ 6 月，果熟期 9 ~ 10 月。

辽东栎喜光，耐侧方庇荫，耐寒性在栎类中最强，深根性，主根发达，耐干旱瘠薄。对立地条件要求不严，在土层深厚的山腹地带生长良好，适中性至微酸性土壤。

辽东栎为优良用材树种。树皮、壳斗可提栲胶。小材及梢头可养银耳、木耳、香菇、灵芝等，叶可饲养柞蚕。其枝干是优良的木质生物能源，具有发热量高、火力强、耐燃烧、污染小的特点。种子富含淀粉，可提取淀粉浆纱或供酿酒原料。

（一）种质资源与繁殖材料

1. 优质种质资源的选择

辽东半岛北部、河北北部、山西五台山、陕西、甘肃黄土高原和秦岭西段地区为中心分布区，可提供优质种源。

2. 种子采收与处理

辽东栎种壳由绿色变为灰褐色，有光泽时即可采种，注意采回后不能曝晒和烘烤，需要阴干，即可将种实摊在苇席上，厚度 10 ~ 15 厘米，每日翻动 2 ~ 3 次，经过 1 ~ 2 周即自然晾干。一般应选择 20 ~ 50 年生母树，9 月下旬采种，种子 9 ~ 10 月成熟后，从壳斗内自行脱落。但从地上拾回的种子可能发过芽或染上病虫害。采集的种子要立即放在通风处摊开阴干，勤加翻动，严防发芽霉烂，切忌曝晒，干后即可贮藏。

种子贮藏方法同栓皮栎。

（二）标准化育苗关键技术

1. 播种育苗技术

（1）育苗地准备　辽东栎圃地应选择地势开阔，坡度平缓，土层深厚肥沃的砂壤土、壤土，尤以黏壤土为好。播种前要对土壤进行消毒处理，一般用黑矾375~750千克/公顷，并施足底肥。

(2) 种子催芽处理　种子采收后用50~55℃温水浸种15分钟或用冷水浸种24小时，同时将漂浮的未成熟、有虫蛀种子捞出，也可以用敌敌畏熏蒸24小时进行杀虫处理。秋播种子消毒处理后即可直接播种，效果良好；春播种子在冷室内混沙（种沙比为1:3）催芽，每周翻动1次，随时检出感病种子并烧掉，翌年春季播种前1周时将种子筛出，在阳光下翻晒，种子裂嘴达30%以上时即可播种。

(3) 播种时期　辽东栎在太行山高寒山区种子成熟期早(9月中旬至10月上旬)，宜采用秋播，也可采用春播（4月）。但秋、冬播均较春播好，可免除种子贮藏和损耗，且成苗率高，苗木比较高而粗壮。

(4) 播种　春播宜用催芽裂口的种子，于4月中、下旬进行大田式垄作或苗床条播。发芽率95%的种子，播种量为2 000~2 500千克/公顷，覆土厚2~3厘米，即每隔15~20厘米开1条播种沟，深6~7厘米，沟内每隔10~15厘米平放种子2~3粒；发芽率90%以上的种子，播种量为2 625~3 000千克/公顷，每公顷可培育壮苗23万株左右。

(5) 苗木培育管理　幼苗出土前后，必须保持苗床一定温度，要注意灌溉和松土除草，每次大雨后，必须在苗床上加盖一层细肥土，以补充流失。初期松土宜浅，锄深2~3厘米即可，苗木生长期需松土除草4~5次。在施足基肥的基础上，因地因苗适时追肥，第一次在6月上、中旬生长旺期，第二次在7月下旬，即第一次新梢生长基本停止时追，以提供孕育二次新梢的养分。为促发须根，可在幼苗长出2~3片真叶后，用利铲将其主根在20厘米深处切断，以后栽时应尽量多留根系，仅对太长的主根适当进行修剪，适当深栽可提高成活率。

栎掌舟蛾是危害栎类的食叶害虫，应在幼龄幼虫群栖息危害期喷洒 90% 敌百虫原药 800 倍液或 50% 敌敌畏乳油、50% 马拉硫磷乳油、50% 杀螟松乳油 1 000 ~ 2 000 倍液防治。同时栎黄枯叶蛾也危害栎类叶片，应用 90% 敌百虫 800 ~ 1 200 倍液或 5% 高效氯氰菊酯 5 000 ~ 7 000 倍液喷雾，防治效果可达 90%，或均可采用灯光诱杀成虫，人工捕杀幼虫，剪除茧蛹。

2. 移植苗培育

在前一年的秋季，对定植用的地块进行耕地施基肥，做成宽 40 厘米的垄。当春季土壤化冻 20 厘米深时开始定植 1 年生苗木，株距 40 ~ 60 厘米。培育过程中，适时进行中耕除草，适当追肥，发现病虫害要及时防治。

（三）苗木出圃

1. 苗木出圃标准

辽东栎一般以 1 - 1 型移植苗出圃，规格为：Ⅰ级苗地径 0.5 厘米以上，苗高 20 厘米以上；Ⅱ级苗地径 0.4 ~ 0.5 厘米，苗高 15 ~ 20 厘米。

2. 起苗、包装与运输技术要点

辽东栎根系发达，起苗注意保护侧根。根系蘸泥浆后包装。在运输过程中注意保湿，特别是带叶运输时，要防止高温、高湿。

（四）育苗年周期管理工作历

北方地区辽东栎育苗管理全年工作历

技术要点	时间（月）											
	1	2	3	4	5	6	7	8	9	10	11	12
采种									●			
整地做床（垄）			●	○						●		
施基肥、土壤消毒			●							●		
播种				◎●					◎	○		
扦插				○◎								
播种地覆盖					○							

（续）

技术要点	时间（月）											
	1	2	3	4	5	6	7	8	9	10	11	12
浇水					◎	○◎						
松土除草					○◎	◎	◎	○				
追肥						○◎	●					
病虫害防治					○◎	◎●						
起苗			◎							●	○	

二十九、蒙古栎

蒙古栎 *Quercus mongolica* Fisch. ex Ledeb. 属壳斗科栎属，也称柞树、小叶柞、蒙柞，是国家二级珍贵树种，是我国东北林区中主要的次生林树种。

蒙古栎为落叶乔木，萌芽能力很强。一般年份在5月中旬开花，花期5~6月，果期8~9月；在华北地区，花期4~5月，果期9~10月。

蒙古栎为喜光树种，适应性强，耐火耐寒，耐干旱瘠薄，能抗－50℃低温；喜凉爽气候，喜中性至酸性土壤。其多生长在酸性或微酸性较肥沃的暗棕色和棕色森林土上，又可生长在具有石灰反应的灰褐土或栗钙土上。

蒙古栎广泛分布于寒温带、温带和暖温带，北自黑龙江边，向南达连云港附近的云台山，西至山西、陕西、甘肃等地。

蒙古栎的嫩枝、树叶和坚果是良好的饲料资源。蒙古栎木材坚硬而耐腐，是高级用材。树皮可药用，能收敛止泻、治痢疾。种子含淀粉55.76%，可酿酒。

（一）种质资源与繁殖材料

1. 优质种质资源的选择

我国东北地区，海拔600米以下山地，常见大面积纯林。山东、河北、山西、内蒙古亦有分布。黑龙江省发布有良种资源，即穆棱蒙古栎母树林种子（编号：龙 S－SS－QM－008－2007）。

2. 种子采收与处理

蒙古栎宜在 9 月中旬待种子完全成熟时进行采种，蒙古栎种子成熟一般自然脱落到地面，对未脱落的种子采取震击树干，让其脱落，然后地面收集，收集的同时去除发育不饱满、有虫眼的种子。种子收集后立即用 50～55℃温水浸泡种子半小时，一是为了杀死橡实中的象鼻虫；二是可以精选种子，提高种子纯度；三是进行催芽处理。种子调制及播种种子精选后，放到凉爽湿润的仓库里贮藏。

种子贮藏方法同栓皮栎。

（二）标准化育苗关键技术

1. 播种育苗技术

（1）育苗地准备　育苗地要选择在地势平坦、排水良好、土质肥沃、pH 值 5.5～7.0，土层厚度 50 厘米以上的砂壤土和壤土。

整地做床从 9 月中旬开始，整地深翻 30 厘米，拣出草根、石块，翌年春耙地，每亩施有机肥 1 500 千克。翻地时进行土壤消毒，每亩施 4 千克硫酸亚铁，防治地下害虫，每亩可施 2.5 千克辛硫磷。然后每平方米施入腐熟好的农家肥 5 千克，床高 20 厘米，床面宽 1.1 米，步道 40 厘米。为防治苗木病害，每平方米用 5 克溶液喷洒床面，用药 5 天后播种。

（2）种子催芽处理　种子采收后用 50～55℃温水浸种 15 分钟或用冷水浸种 24 小时，同时将漂浮的不成熟、虫蛀种子捞出，也可以用敌敌畏熏蒸 24 小时进行杀虫处理。秋播种子消毒处理后即可直接播种，效果良好；春播种子在冷室内混沙（种沙比为 1∶3）催芽，每周翻动 1 次，随时检出感病种子并烧掉，翌年春播种前 1 周将种子筛出，在阳光下翻晒，种子裂嘴达 30% 以上时即可播种。

(3) 播种时期　秋播10月上旬至11月上旬；春播4月中旬至5月上旬。

(4) 播种　播种方法有撒播、条播、点播3种。撒播，将种子均匀地撒在床面上覆土4~5厘米镇压；条播，幅距10厘米，开沟深5~6厘米，将种子均匀撒在沟内覆土4~5厘米镇压；点播，株行距8厘米×10厘米，深度5~6厘米，每穴放1粒种子，种脐向下，覆土4~5厘米镇压。播种前浇足底水。撒播、条播的播种量为130~200千克/亩，点播为100~130千克/亩。

(5) 苗木培育管理　蒙古栎灌水湿度一般保持地表下1厘米处土壤湿润即可，不是特别干旱的不必天天灌水，苗木出土前不必浇水，以防止土壤板结，造成顶土困难或种子腐烂而无法出苗。

在播种后15~20天出苗，当真叶出土4片时，切断主根，留主根长6厘米，可促进须根生长，切根后应将土压实并浇水。在苗高进入高生长速生期定苗，间去病苗、弱苗，疏开过密苗，同时补植缺苗断条之处，间苗和补苗后要灌水，以防漏风吹伤苗根。

除草结合松土，松土深度2~8厘米，以利苗木的正常生长。

蒙古栎苗木，当年有3次生长的习性，采用2次追肥，即第一次封顶后进行追肥，6月20日左右，硝酸铵每亩3.3千克；第二次追肥在苗木第二次封顶后进行，约7月下旬，硝酸铵每亩4.7千克。

蒙古栎种实易遭受栗实象鼻虫危害，可将种子放进55℃温水中浸泡10分钟，或在50℃的温水中浸泡15分钟，或用溴化钾蒸熏，当气温在23℃时每立方用药37.4克熏蒸40小时，杀虫率可达100%。成虫盛发期可用90%敌百虫1:1 000倍液喷杀。

2. 移植苗培育

在前一年的秋季，对定植用的地块进行耕地施基肥，做成宽40厘米的垄。当春季土壤化冻30厘米深后，将1年生苗木挖穴栽植，株距 40 ~ 60 厘米。培育过程中，适时进行中耕除草，适当追肥，发现病虫害要及时防治。

（三）苗木出圃

1. 苗木出圃标准

蒙古栎一般以 1 – 1 型移植苗出圃，Ⅰ级苗规格为：地径 0. 5 厘米以上，苗高 20 厘米以上；Ⅱ级苗地径 0. 4 ~ 0. 5 厘米，苗高 15 ~ 20 厘米。

2. 起苗、包装与运输技术要点

根系发达，起苗注意保护侧根。根系蘸泥浆后包装。在运输过程中注意保湿，特别是带叶运输时，要防止高温高湿。

（四）育苗年周期管理工作历

北方地区蒙古栎育苗管理全年工作历

技术要点	时间（月）											
	1	2	3	4	5	6	7	8	9	10	11	12
采种									◎			
整地做床（垄）			●	○					○			
施基肥、土壤消毒			●							●		
播种				◎●	○							
播种地覆盖					○◎							
浇水				◎●	○◎	○◎				●	◎	
松土除草				◎●	○◎	◎	◎					
追肥						●	●					
病虫害防治					○◎	○				○		
起苗			◎							●	○	

三十、白玉兰

白玉兰 *Magnolia denudata* Desr. 属木兰科木兰属，别名木兰、玉兰花、应春花、玉堂春等。

落叶乔木，高可达15米。花白色，大型、芳香，先叶开放，花期一般在1~4月，果熟期8~9月。

喜光，较耐寒，在-20℃的条件下可安全越冬。喜高燥，忌低湿，栽植地渍水易烂根。适生于肥沃、排水良好而带微酸性的砂质土壤，在弱碱性的土壤上亦可生长，但不耐盐碱。白玉兰对二氧化硫、氯气和氟化氢等有害气体的抗性较强。

白玉兰是我国特有的名贵园林花木之一，是北方早春重要的观花树木，现多见于园林及厂矿中，孤植，散植，或于道路两侧作行道树。北方也有作桩景盆栽。玉兰花具有一定的药用价值，可用于头痛、血瘀型痛经、鼻塞、急慢性鼻窦炎、过敏性鼻炎等症。对常见皮肤真菌也有抑制作用。

（一）种质资源与繁殖材料

1. 优质种质资源的选择

在我国安徽南部及西部（大别山海拔1 200米以下）、湖北及河南西部、浙江（天目山500~1 000米）、江西（庐山1 000米以下）、湖南（衡山900米以下）以及广东北部（800~1 000米），常绿阔叶林与落叶阔叶混交林中有白玉兰野生植株生长。

2. 种子采收与处理

在9月底或10月初，将成熟的果采下，取出种子，用草木灰水浸泡1~2天，然后搓去蜡质假种皮，再用清水洗净在室内晾干，切忌日晒；也可将种子洗净后，用湿沙层积法进行贮藏。

（二）标准化育苗关键技术

1. 播种育苗技术

（1）育苗地准备　玉兰育苗地宜选肥沃、排水良好而带微酸性（pH值5~6）的砂质土壤。

（2）种子催芽处理　在室外背风向阳处，用木板或砖石做成温床，底层铺10~15厘米厚的细沙，或直接在高沙土苗床上，按种沙比为1∶3将种核混以湿沙铺在上面，上盖塑料薄膜（也可搭成小拱棚）或玻璃，晚间加盖草帘，过 10～20 天，种核大部分可发芽。

（3）播种时期　玉兰一般是 3 月在室内盆播，20 天左右即可出苗。

（4）播种　早春密播于温室内的沙床上，密度以种子不重叠为准。上部覆沙 2 厘米，经常保持湿润。3 月中旬，种子大部分萌芽后，将芽苗移于纸质容器中培养，定根，1 个月后移于大田。

（5）苗木培育管理　开花生长期宜保持土壤稍湿润。入秋后应减少浇水，延缓玉兰生根，促使枝条成熟，以利越冬。冬季一般不浇水，只有在土壤过干时浇 1 次水。盛夏时应予适当遮荫，不可曝晒过度。北方入冬后应注意防寒。

生长期一般施 2 次肥，一次是在早春时施，另一次是在 5～6 月进行。肥料多用充分腐熟的有机肥。新栽植的树苗可不必施肥，待落叶后或翌年春天再施肥。玉兰枝干伤口愈合能力较差，故一般不进行修剪。此外，花谢后，如不留种，还应将残花和蓇葖果穗剪掉，以免消耗养分，影响来年开花。

2. 扦插育苗技术

扦插时间在 6 月中旬，插条为当年生新梢，插前将新梢截成上、中、下 3 段，每段枝剪留长度为 20 厘米。每段枝去掉基部叶片，上部留 2～3 片叶，每片叶剪去一半，插前枝条基部分别用 5 000ppm 和 10 000ppm 吲哚乙酸的 50% 酒精溶液速蘸 7 秒钟，插深 2 厘米。

3. 嫁接育苗技术

常用紫玉兰或其他木兰属植物的扦插苗、实生苗为砧木。方法有切接、腹接、靠接或芽接。山东菏泽多在立秋后（8 月中、上旬）用方块芽接法，河南鄢陵多在秋分前后（9 月下旬）切接。接后培土将接穗全部覆盖，次春转暖后除去。

靠接整个生长季节皆可进行。以 4～7 月进行者为多。靠接部位以距离地面 70 厘米处为最好。绑缚后裹上泥团，并用树叶包扎在外面，防止雨水冲刷，经60天左右即可切离。靠接是较容易成活的一种方法，但不如切接的生长旺盛。

4. 移植苗培育

白玉兰苗翌年春季移植时，应适当切截主根，重施基肥，控制密度，经4~5年，即可培育出株高3米左右的绿化用大苗。

（三）苗木出圃

1. 苗木出圃标准

白玉兰主要是城市绿化树种，市场需求量小，但要求的规格比较高，一般都在地径3厘米以上，苗高100米以上出圃出售。

2. 起苗、包装与运输技术要点

白玉兰出圃基本上都是大规格苗木，大多带土球销售，因此起苗需先根据苗木规格大小进行包扎，然后再起苗和运输。

（四）育苗年周期管理工作历

北方地区白玉兰育苗管理全年工作历

技术要点	时间（月）											
	1	2	3	4	5	6	7	8	9	10	11	12
采种									●	○		
采条与制穗						◎						
整地做床（垄）			●	○						●		
施基肥、土壤消毒			◎							●		
播种			○									
扦插						◎						
播种地覆盖				○◎								
浇水				○◎			◎	○		●	◎	
松土除草					●	◎	◎					
追肥					◎●	○◎						
病虫害防治					○◎	●						
起苗			◎									

三十一、核桃

核桃 *Juglans regia* L. 属胡桃科核桃属，别名胡桃。

落叶乔木，高可达35米。雄花柔荑花序，长5~10厘米，雄花有雄蕊6~30个；雌花1~3朵聚生，花柱2裂，赤红色。果实球形，直径约5厘米，灰绿色。幼时具腺毛，老时无毛，内部坚果球形，黄褐色，表面有不规则槽纹。花期3~4月，果期8~9月。

核桃喜光，抗寒能力较差，抗旱、抗病能力强，适应多种土壤生长，喜水、肥，同时对水肥要求不严，落叶后至发芽前不宜剪枝，易产生伤流。

核桃是重要的木本油料树种，也是珍贵的用材树种和良好的庭院绿化树种。

（一）种质资源与繁殖材料

1. 优质种质资源的选择

目前核桃主要栽培的优良品种很多，其中早实品种有：辽宁1号、辽宁3号、辽宁4号、中林1号、中林5号、陕核1号、西扶1号、晋丰、薄丰等；晚实品种有：晋龙1号、薄壳核桃、纸皮1号、礼品1号、礼品2号等。

各地发布的优良核桃品种有：‘岱香’核桃（登记编号：鲁S-SV-JR-010-2003）、‘岱辉’核桃（登记编号：鲁S-SV-JR-011-2003）、‘鲁果2号’核桃（登记编号：鲁S-SV-JR-018-2007）、‘鲁果3号’核桃（登记编号：鲁S-SV-JR-019-2007）、‘鲁果4号’核桃（登记编号：鲁S-SV-JR-020-2007）、‘鲁果5号’核桃（登记编号：鲁S-SV-JR-021-2007）、‘元林’核桃（登记编号：鲁S-SV-JR-022-2007）、‘鲁果2号’核桃（登记编号：鲁S-SV-JR-018-2007）、‘鲁果3号’核桃（登记编号：鲁S-SV-JR-019-2007）、‘鲁果4号’核桃（登记编号：鲁S-SV-JR-020-2007）、‘鲁果

5号'核桃（登记编号：鲁S－SV－JR－021－2007）、'元林'核桃（登记编号：鲁S－SV－JR－022－2007）、文核2号核桃（登记编号：甘S－SV－JR－12－2007）、文核1号核桃（登记编号：甘R－SV－JRE－21－2007）、文刘11号核桃（登记编号：甘S－SV－JREG－22－2007）、新丰核桃（文县）（登记编号：甘S－SV－JREGI－23－2007）。

2. 种子采收与处理

当外皮由绿色变黄色或绿褐色，全树有1/3以上外皮绽裂，部分果实能被敲落时即可采收。采收时未脱皮的果实在室内堆积3～5天人工脱皮。干藏和湿藏均可。

（二）标准化育苗关键技术

1. 播种育苗技术

（1）育苗地准备　核桃幼苗怕强烈日照、怕积水。圃地最好选择阴坡山圩田（地）、排水良好、灌溉方便、土壤肥沃的砂壤土，避免选择多年老育苗基地。深耕做苗床，施足底肥。

（2）种子催芽处理　我国北方12月份（播种前2～3个月）用冷水浸种1～2天后，按种子与湿沙1∶10～15的比例与湿沙混匀堆在低温（0～5℃）、透气、保湿处2～3个月。采用秋播时，种子可不经层积处理。

（3）播种时期　春播和秋播均可，一般多在春季播种。春播在地化冻后立即进行。秋播要在封冻前进行。

（4）播种　苗床育苗，播种方法可采用条播或点播，点播每穴放2～3粒种子，条播按12～15厘米×30～40厘米的株行距，播种深度6～8厘米，播后踏实。

（5）苗木培育管理　幼苗出土后要注意肥水管理和除草防病虫害等田间管理。并在苗木长至10厘米时及时间苗或移苗。

2. 嫁接育苗

在生产中，以结实为目的的繁殖多采用嫁接方法。我国北方最好选用核桃本砧。常用的嫁接方法有芽接和枝接（劈接、插皮舌接、腹接和双舌接等）。可根据本地情况选用室内嫁接技术、室外芽接、室外枝接或嫩枝嫁接技术。

（三）苗木出圃

1. 苗木出圃标准

核桃 1－0 型播种苗出圃规格为：Ⅰ级苗地径 1.45 厘米以上，苗高 68 厘米以上；Ⅱ级苗地径 1.14～1.45 厘米，苗高 48～68 厘米。

2. 起苗、包装与运输技术要点

裸根出圃起苗一定要尽可能多的留有须根，不能有劈裂，同时也要注意保护地上部分枝干不要被擦伤。起苗后及时包装或假植，包装前根系蘸泥浆，用苔藓等湿润物填充。运输过程中，严防过热和失水。

（四）育苗年周期管理工作历

北方地区核桃育苗管理全年工作历

技术要点	时间（月）											
	1	2	3	4	5	6	7	8	9	10	11	12
采种									◎●			
整地做床（垄）			●	○						●		
施基肥、土壤消毒										●		
播种			○									
嫁接			●	○				●	○			
浇水			○◎	○◎			◎	○		●	◎	
松土除草					●	◎	◎					
追肥					◎●	○◎						
病虫害防治					○◎	●						
起苗			◎						●	○◎		

三十二、白榆

白榆 *Ulmus pumila* L. 属榆科榆属，别称家榆、榆树。

落叶乔木，高可达25米，胸径1米。花簇生。翅果近圆形，熟时黄白色，无毛。花于3～4月先叶开放；4～6月果熟。

根系发达，生长快，适应性强，耐干旱瘠薄。喜光，耐寒，对土壤要求不严，不耐水湿。具抗污染性，叶面滞尘能力强。

是我国常见的速生阔叶用材树种和防护树种。

（一）种质资源与繁殖材料

1. 优质种质资源的选择

白榆分布广，以华北、西北及淮北广大平原地区栽培最为普遍。北方种源生长慢，干形差，根系发达，叶片小，耐旱耐寒能力强。优质种源调拨执行（GB 8822.1～8822.13～88《中国种子区区划》）。国内白榆良种基地有2处，山东省金乡县白洼林场国家白榆良种基地，新疆伊犁哈萨克自治州林木良繁中心国家杨树、白榆良种基地。

2. 种子采收与处理

果实成熟后很快脱落，要及时采收。可以在果实脱落后从地面收集，也可从枝条上击落后收集。采后置于通风处晾干几天，然后去杂。可以以较低含水量密封贮藏。

（二）标准化育苗关键技术

1. 播种育苗技术

（1）育苗地准备　育苗地应选择地势平坦、排水良好，土壤肥厚，土质疏松的砂壤土。最好播种前一年秋季整地，深翻20厘米以上，每亩施腐熟厩肥2 000～3 000千克，同时撒入敌百虫粉剂1.5～2.0千克毒杀地下害虫。

（2）种子催芽处理　冷水浸种2～4小时即可播种。

（3）播种时期　一般夏季播种，随采随播。

（4）播种　采用苗床或宽60～70厘米大垄育苗。播前先灌水，待水渗完，土壤稍干才进行开沟条播。条距20厘米，条幅8厘米，沟深3~5厘米，每亩播种2~3千克，播后覆土0.5~1.0厘米，不要太厚，再稍为镇压。一般播后10~15天幼苗即可全部出齐。

(5) 苗木培育管理　榆树幼苗较耐干旱，而怕水湿，只要播种时灌足底水，幼苗出齐后再适量浇灌1次即可，但应加强松土保墒和中耕除草。当苗高5厘米左右，可进行第一次间苗，苗高10~15厘米即可定苗，拔去弱苗、伤苗、病虫害苗，每亩留苗10 000株左右。

苗木生长期应及时追肥。第一次追肥可在间苗后进行，每亩用人粪尿100千克稀释后施入，或施硫酸铵4千克，半月后再追施一次。8月份停止施肥灌水，以利苗木木质化。

榆树当年生幼苗常发生许多侧枝，为了减少对养分的消耗，加快高、粗生长，可进行适当修枝。榆树幼苗生长快，1年生苗高可达1米以上，秋后即可出圃造林。

2. 移植育苗

白榆移植培育可以提高苗木质量，一般半年以后即可移植，也可1年或2年以后移植。

（三）苗木出圃

1. 苗木出圃标准

在山东、河北、河南、北京、山西，1-0播种苗出圃标准为：Ⅰ级苗地径1.0厘米以上，苗高150厘米以上；Ⅱ级苗地径0.6~1.0厘米，苗高80~150厘米。培育0.5-1型移植苗出圃标准为：Ⅰ级苗地径2.0厘米以上，苗高300厘米以上；Ⅱ级苗地径1.5~2.0厘米，苗高200~300厘米。

在东北和西北地区，1-0播种苗出圃标准为：Ⅰ级苗地径0.6厘米以上，苗高70厘米以上；Ⅱ级苗地径0.4~0.6厘米，苗高40~70厘米。

2. 起苗、包装与运输技术要点

原则上在休眠期起苗，起苗时要边起、边捡、边分级、边假植，深度要达到 25 ~ 30 厘米。剪掉过长的主侧根以及劈裂的根。外运时，要防湿包装。

（四）育苗年周期管理工作历

北方地区白榆育苗管理全年工作历

技术要点	时间（月）											
	1	2	3	4	5	6	7	8	9	10	11	12
采种				●	○							
整地做床（垄）			●	○						●		
施基肥、土壤消毒										●		
播种					○							
浇水					○◎	○◎	◎	○	◎	●		
松土除草					●	◎	◎					
追肥					◎●	○◎						
病虫害防治					○◎	●						
起苗			◎						●	○◎		

三十三、杜仲

杜仲 *Eucommia ulmoides* Oliv. 属杜仲科杜仲属，别名思仲、扯丝皮、丝棉木、棉树皮、胶树、银丝树等。

落叶乔木。雌雄异株。在北京地区 3 月上旬芽膨大，花期 4 月，叶前开放或与叶同放。翅果，果期 10 ~ 11 月成熟。

杜仲喜温暖湿润气候及肥沃、湿润而排水良好的土壤，具有一定的耐盐碱能力。根系浅而侧根发达，萌蘖能力强。

杜仲为我国特产经济树种，杜仲胶有高度的绝缘性和黏着性，是重要的工业原料。树皮、叶、果入药，能安胎、补肾、强筋骨，并可治疗高血压等症。

（一）种质资源与繁殖材料

1. 优质种质资源的选择

江苏国家级大丰林业基地大量人工培育杜仲。杜仲的优良品种有：华仲1号、2号、3号、4号、5号、中林大果、中林茶仲等。

2. 种子采收与处理

杜仲果实为翅果，果呈狭长椭圆形，翅薄，革质。成熟的果实栗褐色或紫褐色，有光泽，种子饱满，胚米黄色，可于霜降前后大部分树叶凋落时击落果实收集。采收后宜及时播种，若春播，则在采收后将种子与清洁湿润细沙（1:10）混合后进行层级处理。湿藏处理后的种子在地温9℃时开始萌动，在气温升至15℃左右条件下，2～3周即可出苗。

（二）标准化育苗关键技术

1. 播种育苗技术

（1）育苗地准备　育苗地宜选在地势向阳，土质肥沃、疏松，微酸性至中性或微碱性的壤土为宜。越冬前深耕施入腐熟的有机肥，再翻耕细耙，做成高12～18厘米、宽1.2米的苗床。在气候干燥的地方可以做低床。

按株行距2～2.5米×3米挖穴，深30厘米，宽80厘米，穴内施入饼肥0.2千克、骨粉或磷酸钙0.2千克及草木灰等，与穴土拌匀，以备栽植。

（2）种子催芽处理　播种前，把种子放在20℃水中浸种2～3天，每隔12小时换水1次，并在浸种过程中经常搅动，待种子膨胀、果皮软化后取出，拌草木灰播种。

（3）播种时期　于冬季11～12月或春季2～3月，月均温达10℃以上时播种。春播应适时早播。

（4）播种　播种沟宽度10～15厘米，深2～3厘米，沟距15～20厘米，每米长的沟内播种50～70粒，每亩用种5～7千克。撒播每亩用种 10 千克。播种后覆土厚度 1～2 厘米。经过低温层积催芽的种子播种后 2 周左右幼苗即出土，3 周后抽出 2 片真叶。

（5）苗木培育管理　种子出苗后，注意中耕除草，浇水施肥。幼苗忌烈日曝晒，要适当遮荫，旱季要及时喷灌防旱，雨季要注意防涝，及时喷施 1:1:100 波尔多液或用 50% 退菌特 1 500 倍液防止根腐病的发生。发病后，可用 65% 代森锌 500 倍液喷苗防治。结合中耕除草追肥 4～5 次，以速效氮肥为主，每亩每次施尿素 1～1.5 千克或腐熟稀粪肥 3 000～4 000 千克。间苗和小苗移栽宜在展开 2～4 片真叶时进行。定苗，每米留 1～1.5 厘米×20 厘米，苗高 60～100 厘米、地径 1 厘米以上的苗木，每亩产苗 1.2 万～2 万株。

2. 插条育苗技术

（1）嫩枝扦插　春夏之交，剪取 1 年生嫩枝，剪成长 5～6 厘米的插条，插入苗床，入土深 2～3 厘米，在土温 21～25℃下，经 15～30 天即可生根。如用 50 毫克/升萘乙酸处理插条 24 小时，插条成活率可达 80% 以上。

（2）根插繁殖　在苗木出圃时，修剪苗根，取径粗 1～2 厘米的根，剪成 10～15 厘米长的根段，进行扦插，粗的一端微露地表，在断面下方可萌发新梢，成苗率可达 95% 以上。

3. 嫁接育苗技术

用 2 年生苗作砧木，选择树龄在 35 年以内的母树，以大树埋根萌条作接穗，采用带木质芽接和方块芽嫁接方法嫁接。于早春接于砧木上，成活率可达 90% 以上。嫁接后，注意检查是否成活，如已成活，在寒冬季节，要培土防寒，培土高度超过接芽 6～10 厘米，春季解冻后及时扒土。

4. 压条育苗技术

春季选强壮枝条压入土中，深 15 厘米，待萌蘖抽生高达 7～10 厘米时，培土压实。经 15～30 天，萌蘖基部可发生新根。深秋或翌春挖起，将萌蘖分开即可定植。

5. 杜仲移植苗培育

选取苗高60厘米以上无病、伤苗，及时栽植。从秋季落叶起至翌年新叶萌发前均可进行移苗。春季移苗成活率较高。

移植育苗地要全面深翻，结合翻耕，施足基肥。按株行距2米×3米栽植。定植时，先在穴内施入垃圾肥2.5千克，饼肥0.2千克，骨粉或磷酸钙0.2千克及火土灰等，与穴土拌匀，栽植。培土要分次踏实，浇透定根水，待水渗入后，再盖少许松土，使根基培土略高于地面。

（三）苗木出圃

1. 苗木出圃标准

杜仲1-0播种苗出圃标准为：Ⅰ级苗地径0.9厘米以上，苗高75厘米以上；Ⅱ级苗地径0.55~0.9厘米，苗高50~70厘米。

2. 起苗、包装与运输技术要点

苗木在秋季落叶后和春季萌芽前出圃。选择阴天起苗，若遇干旱提早1~2天灌水。起苗后按标准分级，就地移栽带土团。待包装苗木应经检疫机关检疫，办理证明后外运。

将分好级苗木每100株一捆，根系蘸浓浆，在根颈、主干中部、分枝处用草绳等捆紧，放入铺有湿稻草或清洁湿苔藓中央，用稻草包住整个根系和主干；不立即运输的苗木要假植。

（四）育苗年周期管理工作历

北方地区杜仲育苗管理全年工作历

技术要点	时间（月）											
	1	2	3	4	5	6	7	8	9	10	11	12
采种与催芽										●	○	
采条与制穗					◎							
整地做床（垄）		●	○							●		
施基肥、土壤消毒		●	○							●		
播种		●	○								○◎	

（续）

技术要点	时间（月）											
	1	2	3	4	5	6	7	8	9	10	11	12
嫩枝扦插					○◎							
压条			●	○								
嫁接		○										
根插									◎●	○◎		
播种地覆盖			○◎									
浇水				◎●	○◎	○◎				●	◎	
松土除草				◎●	○◎	◎	◎					
追肥				●	◎		◎					
病虫害防治			●	○	○◎							
起苗									◎●	○◎		

三十四、紫椴

紫椴 *Tilia amurensis* Rupr. 属椴树科椴树属，别称籽椴、椴树、阿穆尔椴。

落叶乔木，高可达 20～30 米。聚伞花序，长 4～8 厘米，花瓣 5，黄白色，无毛；雄蕊多数，无退化雄蕊；柱头 5 裂。果球形或椭圆形，直径 0.5～0.7 厘米，被褐色短毛，具 1～3 粒种子。种子褐色，倒卵形，长约 0.5 厘米。花期 6～7 月，9 月果熟。

深根性，萌蘖性强；喜光，稍耐侧方庇荫，耐寒；喜肥湿，适生于湿润肥沃且土层深厚的山腰、山腹地带，抗烟、抗毒、抗病虫害能力强。

紫椴树姿优美，树冠圆满，枝条紫褐，叶片光滑，是良好的庭荫和行道树种。抗烟尘和有毒气体，应用于厂矿绿化最为适宜。紫椴还是著名的蜜源植物，花可入药。

（一）种质资源与繁殖材料

1. 优质种质资源选择

紫椴是东北、华北的适生树种，育苗用种以就近用种为原则。

2. 种子采收与处理

果实呈紫褐色时及时采收，直接从树上采摘或打落地面后收集。果实采收后，摊开晾干，搓去果梗，经筛选、风选去除杂物后装袋置于冷室贮藏。种子贮放安全含水量为10% ~12%。

（二）标准化育苗关键技术

1. 播种育苗技术

（1）育苗地准备　选择在土壤肥沃、排水良好的壤土、砂壤土地块，提前进行秋整地；春播前10天左右施肥和耙地，然后做床。

（2）种子催芽处理　播种前4~5个月进行低温层积催芽，催芽前先用0.5%硫酸铜溶液或高锰酸钾溶液浸种2~3小时，消毒后及时用清水洗净，再用清水浸种2~3昼夜，然后进行混沙处理。也可先经混雪处理再进行混沙催芽，当种子有30%裂嘴时，筛出种子进行播种。

（3）播种时期　以春播为主，部分地区也可秋播。

（4）播种　床作或垄作均可，播种采用撒播方法。床作播种量13~18千克/亩，垄作播种量6~12千克/亩，覆土厚度1~2厘米。

（5）苗木培育管理　春季播种出苗前要保持土壤湿润，种子播后15天左右即能发芽出土，出苗后适时进行灌溉和追肥，除草松土要进行3~5次，幼苗期可适当遮荫，控制灌水。当苗木长到1~2厘米高时即可进行第一次间苗，留苗250株/平方米；当苗木长到2.5~3厘米高时就可定苗，留苗200株/平方米，定苗后要及时浇水。2~3天后追施氮肥1次，以后要适时除草和松土。1年生苗也可根据需要再留床生长1年，苗木在留床生长期间，要追施氮肥2次，适时除草和松土。留床生长1年后的苗木根系发达，干性好，更适宜用来培育大规格苗木。

2. 移植苗的培育

秋季对定植用的地块经整地施肥后，做80厘米宽的大垄。当春季土壤化冻20厘米深时开始移植1~2年生苗木，株距80~100厘米。定植4~5年后，即可出圃栽植。在大苗培育过程中，每年都要进行中耕除草，适当追肥，发现病虫害要及时防治。每年还要及时剪除树高1/2以下的侧枝。

（三）苗木出圃

1. 苗木出圃标准

1－0型出圃苗标准为：Ⅰ级苗苗高40厘米以上，地径0.7厘米以上，根系长20厘米，>5厘米侧根数8条以上；Ⅱ级苗苗高30~50厘米，地径0.5~0.7厘米，根系长20厘米，>5厘米侧根数6条。2年生苗高50~100厘米、地径8~12毫米为合格苗木可以出圃造林。

2. 起苗、包装与运输技术要点

深秋起苗，起苗时要边起、边捡、边分级、边包装或运输。

（四）育苗年周期管理工作历

北方地区紫椴育苗管理全年工作历

技术要点	时间（月）											
	1	2	3	4	5	6	7	8	9	10	11	12
采种与催芽									●	○		
整地做床（垄）			●	○						●		
施基肥、土壤消毒			●	○						●		
播种				○							○◎	
播种地覆盖				○◎								
浇水				◎●	○◎	○◎				●	◎	
松土除草				◎●	○◎	◎	◎					
追肥				●	◎		◎					
病虫害防治			●	○	○◎							
起苗									◎●	○◎		

三十五、沙棘

沙棘 *Hippophae rhamnoides* L. 属胡颓子科沙棘属，别称醋柳、酸刺、黑刺。

落叶灌木或乔木，高1～5米。花黄色，花瓣4瓣，花蕊淡绿色，花苞球状，嫩绿色；果实圆球形，直径4～6毫米，橙黄色或橘红色；果梗长1～2.5毫米。种子小，黑色或紫黑色，有光泽。花期4～5月，果期9～10月。

沙棘根系发达，有根瘤，萌蘖力很强；喜光，耐寒，耐酷热，耐风沙及干旱气候。对土壤适应性强，耐干瘠，稍耐水湿和盐碱。

沙棘是防风固沙，保持水土，改良土壤的优良树种。沙棘可加工成食品、饮料、保健品等，市场前景十分广阔。

（一）种质资源与繁殖材料

1. 优质种质资源的选择

我国是沙棘属植物分布区面积最大，种类最多的国家。知名种类有：中国沙棘、云南沙棘、西藏沙棘、柳叶沙棘、大果沙棘等。各地认定有沙棘优良品种，即：浑金（俄罗斯大果沙棘）（良种编号：内蒙古 R－ETS－HR－001－2009）；沙棘六盘山种源（良种编号：宁 S－SP－HR－0013－2007），沙棘 HF－14（登记编号：黑 S－SC－HR－004－2010）。

2. 种子采收与处理

沙棘果实成熟后长期不落，一般在冬季果实冻结后，直接敲打收集。采得的果实，用木棒捣碎，加水稀释，装入布袋，挤压出果汁，将带皮种子晾干，筛去果皮等杂质，取得纯净种子。

（二）标准化育苗关键技术

1. 播种育苗技术

（1）育苗地准备　选土质疏松的砂壤土，要避免选黏重土壤。一般在精耕细作后，采用大垄播种，也可用床作。

(2) 种子催芽处理 先用温水(50~60℃)浸种24~48小时，溶解油脂，然后混沙催芽，播种前加温，大约10~15天，种子萌动，当种子有30%~40%裂口时播种。或将种子和湿沙混合，进行低温层积催芽。

(3) 播种时期 一般采用春播，当5厘米深土层温度达9~10℃时播种可以发芽，但以14~16℃为适时(大约4月中旬)。有的地方也采用秋播，即秋季采种后，然后播种，可省去层积催芽的工序。但播种后管理时间较长。

(4) 播种 垄作条播，播2行，发芽率85%的种子每亩播种量(床播)2~2.5千克。播种时如果土壤干燥，要在播前浇足底水，使其湿润，然后种子混合几倍沙子播种。覆土厚度1厘米。

(5) 苗木培育管理 播种后如果土壤干燥时，应灌水。大约经6~7天幼苗就开始出土，15~17天出齐。幼苗长出2~4片真叶以后，进行第一次间苗，隔20天以后，再进行1次间苗，定苗时每米长的垄上留苗25~40株(床作的每平方米留苗60~80株)，每亩产苗2万~3万株。间苗后及时灌水。

一般施足基肥(有机肥与磷肥)。氮肥以追肥为主，宜在6~7月追速效氮肥3次。每亩用硫铵7.5~10千克。

2. 插条育苗

一般在3月下旬至4月上旬，采集2年生枝条，截成长12~15厘米(粗0.5~1厘米)的插穗，先放在流水中浸4~5天，或放在缸内水浸，每天换水。然后插在湿润疏松的高床上或大垄上。4月中旬扦插，地上留1个芽，株距10~15厘米，插后踩实。扦插后及时灌1次透水，成活率可达80%~90%，亦可实行秋插，翌春发芽较早。

(三) 苗木出圃

1. 苗木出圃标准

合格苗标准：1-0播种苗苗高30厘米以上，地径0.3厘米以上，根长18厘米。

2. 起苗、包装与运输技术要点

沙棘萌芽力强，耐修剪，栽植容易成活，但是起苗时仍应注意严防根系受到风吹日晒。应随时边起、边包装、边假植。

（四）育苗年周期管理工作历

北方地区沙棘育苗管理全年工作历

技术要点	时间（月）											
	1	2	3	4	5	6	7	8	9	10	11	12
采种与催芽											●	○
整地做床（垄）			●	○						●		
施基肥、土壤消毒			●	○						●		
播种				○							○◎	
播种地覆盖				○◎								
扦插			●	○								
浇水				◎●	○◎	○◎				●	◎	
松土除草				◎●	○◎	◎	◎					
追肥				●	◎		◎					
病虫害防治			●	○	○◎							
起苗									◎●	○◎		

三十六、臭椿

臭椿 *Ailanthus altissima* Swingle 属苦木科臭椿属，别名樗、椿树、白椿、木砻树、恶木等。

落叶乔木。雌雄同株或雌雄异株。圆锥花序顶生，花小，杂性，白绿色，花瓣5~6瓣，雄蕊10枚。翅果，有扁平膜质的翅，长椭圆形。种子位于中央。花期4~5月，果9~10月成熟。

臭椿喜排水良好的砂壤土，能耐中度盐碱土，在土壤含盐量达0.3%情况下，幼树可生长良好，在含盐量达0.6%的土壤中亦可成活生长。喜光，不耐荫。深根性。对烟尘与二氧化硫的抗性较强，病虫害较少。

臭椿春季嫩叶紫红色，秋季红果满树，是良好的观赏树和行道树，被称为天堂树。萌蘖力强，是山地造林的先锋树种。木材为上等的造纸材料，根可入药。

（一）种质资源与繁殖材料

1. 优质种质资源选择

臭椿地理分布较广，以华北、西北地区栽培最多。各地发布的臭椿良种有：平罗臭椿一代种子园种子（登记编号：宁 R－CSO（1）－AA－001－2007）、红叶臭椿（登记编号：鲁 S－SV－AA－012－2002）。

2. 种子采收与处理

臭椿种子为翅果，有扁平膜质的翅，长椭圆形，种子位于中央。每年都结实丰富，9～10 月果实成熟后，长期悬挂在树上。东北采种期在 9 月中旬，北京在 8 月下旬至 9 月。采种时选 20～30 年生的优良母树，将成熟的翅果连小枝采下，去枝取果。种子空粒较多。臭椿的果实晒干净种后即可用普通干藏法贮存，发芽力可保持 2 年。带翅的果实净度 85%～88%，千粒重 18.9～32 克。

（二）标准化育苗关键技术

1. 播种育苗技术

（1）育苗地准备　育苗前必须细致整地，通常在育苗前一年秋季，深翻不耙。翻地时先要施足底肥，尤其是基肥，一般施熟化农家肥 100～133 千克/公顷，打碎撒匀。

当土壤解冻 25～30 厘米深时，用旋耕机深耙 2 次，以打碎土块，去除杂草。结合深耙进行土壤消毒，可施入 2 167 千克/公顷硫酸亚铁。

为了给种子发芽和幼苗生长创造良好条件，又便于经营管理，需在整地、施肥、消毒的基础上，细致做床。低床育苗，苗床朝向要求为南北朝向。东北地区也可用大垄播种育苗。

(2) 种子催芽处理　播前10天左右，将干藏种子取出，搓去种翅，净种后用40℃温水浸泡24小时，再用清水浸泡12小时，捞去上浮秕种和杂物，把下沉的饱满种子（发芽率88%~94%）捞出平摊在背风向阳处，使表皮水分蒸发，然后用赤霉素、生根粉或增产灵2克浸泡2小时，再按1:1的比例配细河砂，堆放在温暖向阳处，用草帘或湿麻袋盖住催芽，每天用清水喷洒1次，保持湿度，大约7~8天，有40%的种子裂嘴时即可播种。

(3) 播种时期　臭椿种子发芽要求在最低温度为8.8℃，在西北地区3~4月为播种适宜期。播种分为春播和秋播，一般以春播为主，但春播不宜过早，春播时注意防霜害。

(4) 播种　播种方法一般采用开沟条播，行距40厘米左右，沟深3厘米，播幅4~6厘米。将处理过的种子均匀撒入沟内，播种量因种子质量而定，合格种子按每米沟上播种子60~70粒，种子差的要适当多播，每亩播种量大概在3~5千克。覆土1.0~1.5厘米，轻加镇压。

播后要顺床覆草，以保持地表湿润，有利于种子出土。覆盖茅草或铁芒萁，最好不用稻草，以免感染病虫害，厚度以不见土为宜。

(5) 苗木培育管理　幼苗展开3~4片真叶后，当幼苗的叶子达相互遮荫时，可进行第一次间苗。再隔2~4周左右进行第二次间苗并定苗，垄作每米留苗25~30株，床作每平方米播种行留苗60株左右。

追肥　第一次间苗后应立即追氮肥，6月中旬至7月，应追氮肥2~3次。少钾的地区也可以同时追施钾肥。

除草松土　灌溉后或雨后应及时除草松土。如遇到高温、高湿环境时，容易发生根腐病，在雨季注意排水。

截根　臭椿播种苗主根发达，侧根细弱，可在6月下旬至7月初，当苗高达20~30厘米时，苗处于生长缓慢阶段，此时，在苗木背荫一侧挖至15～18厘米深处将主根截断埋土压实，同时浇1次透水，以使根与土壤充分接触，待土壤干后，要及时进行松土。

适时适量浇水 种子的芽开始出土（出苗期）时严禁浇水，否则土壤板结会影响幼苗出土，应着重提温保墒，促使早出苗，出全苗；当幼苗长高至3～5厘米时浇透水，但严禁浇闷头水。在苗木整个生长过程中，要根据其生理特性及土壤干湿程度进行适量灌水，但绝不能使圃地积水（尤其是雨季，必要时排水），否则苗木会烂根，造成不必要的损失。

适时适量施肥 一般在5～7月先后用硫铵、过磷酸钙分别施2次肥，每次0.5～0.67千克/公顷。7月下旬以后，严禁追肥，以免贪青徒长，使顶部不能充分木质化，造成冬季抽梢。另外，上冻前应结合冬浇施1次有机肥。

病虫害防治 臭椿病虫害较少，常见的虫害有椿毛虫、刺蛾，病害主要是白粉病。可喷施孢子含量为100亿克的青虫菌剂300～500倍液防治刺蛾等；用波美石硫合剂在子囊孢子飞散期每10～14天喷洒1次，夏天可喷洒1%波尔多液防治白粉病。

2. 移植育苗

要培育绿化大苗，需要进行移植。秋季可对移植用地块进行整地施肥，做成50厘米宽的垄。当春季土壤化冻20厘米深时开始移植1年生苗木，株距80～100厘米。在大苗培育过程中，要进行中耕除草，适当追肥，发现病虫害要及时防治。

（三）苗木出圃

1. 苗木出圃标准

1－0型播种苗出圃标准：Ⅰ级苗苗高100厘米以上，地径1.2厘米以上，根系长25厘米，>5厘米侧根数6条以上；Ⅱ级苗苗高60～100厘米，地径0.8～1.2厘米，根系长20～25厘米，>5厘米侧根数4条。

1－1型移植苗出圃标准：Ⅰ级苗苗高200厘米以上，地径2厘米以上，根系长30厘米，>5厘米侧根数8条以上；Ⅱ级苗苗高150～200厘米，地径1.5～2.0厘米，根系长25～30厘米，>5厘米侧根数6条。

2. 起苗、包装与运输技术要点

臭椿苗如用于造林，1年生即可出圃。如作为绿化材料，则第二年春要进行移植培育，在苗圃培养到地径5厘米左右时出圃，落叶后到萌芽前（除冰冻天气外）都可不带土挖掘移植。起苗时，主根要深，一般15～20厘米，侧根要全，同时不能伤皮，运输时要用塑料包根并塞入湿草，不能及时运走的要进行假植。苗木出圃时必须分级，并贴上标签，注明树种、品种、苗龄、等级、数量及起苗日期等。

（四）育苗年周期管理工作历

北方地区臭椿育苗管理全年工作历

技术要点	时间（月）1	2	3	4	5	6	7	8	9	10	11	12
采种与催芽								●	○◎			
采条与制穗				◎								
整地做床（垄）			●	○						●		
施基肥、土壤消毒			●							●		
播种				○◎								
播种地覆盖				○◎								
浇水				◎●	○◎	○◎				●	◎	
松土除草				◎●	○◎	◎	◎					
追肥				●	◎		◎					
病虫害防治			●	○	○◎							
起苗			◎							●	○	

三十七、文冠果

文冠果 *Xanthoceras sorbifolia* Bunge 属无患子科文冠果属，别名文冠木、文官果、文灯果、木瓜。

落叶灌木或小乔木，高 2 ~ 5 米。花杂性，雄花和两性花同株。蒴果近球形或阔椭圆形，有三棱角。种子扁球状，黑色而有光泽。花期春季，果期秋初。

适应性强，抗寒、耐旱、耐瘠薄，对土壤要求不严，在黄土高原、山坡、丘陵、沟壑边缘和土石山区都能生长。

文冠果为我国北方地区的主要油料树种。种子含油率高达 30.8%，果油属半干性油，是很好的食用油，也可作化工原料。材坚硬质密，色泽棕褐，纹理美观，抗腐性强，可制作家具。叶子经加工可作饮料。叶、枝、干可入药，果皮可提取糠醛。

（一）种质资源与繁殖材料

1. 优质种质资源选择

目前对文冠果良种的选育研究成果还不是很多，各地用种可以考虑就近用种原则，尽可能避免远距离调运苗木。

2. 种子采收与处理

选择树势健旺、丰产性强、种子含油率高的植株作为采种母树。7 ~ 8 月间，当果皮由绿色变为黄褐色，种子由红褐色变为黑色时，即可采收。最好熟一批，采一批，采果时要防止损伤花芽和枝条。刚采下的果实不要曝晒，应摊放在阴凉通风的地方，待果实半干或干裂时，剥去果皮，取出种子，再摊放在室内阴干。随采随播时，种子无需处理；如留待来年春播，可采用湿沙埋藏法。

（二）标准化育苗关键技术

1. 播种育苗技术

（1）*育苗地准备* 选地势平坦、土壤深厚肥沃、排灌方便的砂壤土育苗。育苗前一年秋将圃地深翻 25 厘米，早春浅翻，并碎土、耙平。然后进行土壤消毒，育苗床做成高床较好。每公顷施农家肥料 32 500 ~ 45 000 千克。春播在 3 月下旬至 4 月中旬。播前5 ~ 7 天，灌足底水，待水下渗微干后，顺苗床开深 3 ~ 5 厘米的沟，沟距 20 ~ 30 厘米。

（2）种子催芽处理　春播前 30 ~ 40 天，将种子用始温 45℃左右的温水浸泡 3 天，每天换水 1 次，捞出放入筐内，上盖湿草帘，放在 20 ~ 25℃的温暖室内催芽，每天用清水淋洗、翻动 1 ~ 2 次，待种子 2/3 裂嘴露白时播种，或陆续选出裂嘴种子，分期播种。

（3）播种时期　华北地区一般在 4 月中旬播种，东北在 5 月上旬播种。

（4）播种　顺苗床开深 3 ~ 5 厘米的沟，沟距 20 ~ 30 厘米，将种子均匀撒入沟内，覆土厚 3 ~ 4 厘米，然后踩踏 1 遍，使种子与土壤密接。最好在沟内点播，每隔 6 ~ 7 厘米放 1 粒种子，种脐要平放，以利发芽出土。每公顷播种量 225 ~ 300 千克。

（5）苗木培育管理　播后床面覆草，保持土壤湿润，20 ~ 30 天后出苗，然后分次揭去覆草。苗木生长期间要及时松土、除草、追肥、灌水、间苗、定苗，并进行病虫害防治。定苗后保持苗距 9 ~ 12 厘米。

2. 扦插技术

（1）扦插基质和苗床整理　使用高 15 厘米的打孔塑料扦插容器，在其中填充基质（腐殖质∶珍珠岩∶蛭石 = 7∶3∶1）。扦插前容器中的基质用高锰酸钾溶液消毒，扦插当天浇透水，装好容器做成苗床。

（2）扦插枝条处理　文冠果的根插成活率极显著的优于枝插。取同龄文冠果母株上的 1 年生萌条，切成 3 ~ 15 厘米长，切口呈楔形，插穗上保留 2 ~ 3 个芽，用生根粉处理或用 40 ~ 45℃温水浸蘸插穗。早晨 9：00 进行扦插，插穗深入基质为插穗的 2/3，插后将插穗周围的土稍加压实。

(3) 幼苗管理　插后1个月内，在温室内采用人工喷雾法，每天喷雾6~8次，30天后每天喷雾3~4次，每次喷雾时间为4~6分钟。苗床温度控制在25℃以下，高于25℃时增加喷雾时间和次数，湿度保持在90%以上，但不使基质过湿，以保持湿润为宜。在大田采用人工灌溉法，每隔3~4天灌溉1次，在喷雾前及时除草，以减少幼苗与杂草争肥争水，在灌溉后及时松土，增加土壤透气，以促使肥料分解和减弱土壤水分蒸发。

3. 嫁接技术

嫁接以带木质部大片芽接效果为好。

选直径1厘米以上的1~2年生苗作砧木，用丰产株上生长健壮的发育枝作接穗。接穗应在3月下旬剪下，用潮湿干净的细沙埋藏在地窖内备用。4月下旬皮层可以剥离时进行嫁接。嫁接时先在砧木距地面15厘米处，选平直光滑的一面用芽接刀切一"T"形切口，横切口长约0.7厘米，竖切口长约3.5厘米。再将"T"形切口撬开，另用芽接刀在穗条的接芽上方约1厘米处横切一刀，深达木质部，再在接芽下方2.5厘米处向上切削，将接芽削成两端稍薄、中间较厚、带木质部而平滑的芽片。然后在接芽下方距芽约0.4厘米处的两侧，各轻削一刀，中间留一条老皮，下端成尖形；在距接芽约0.5厘米的上方两侧也同样各削一刀，使芽片露出形成层，以利插入砧木切口，并和砧木紧密贴合。把芽片插入"T"形切口后，用塑料带绑紧，只让芽露在外面。嫁接15天后。可进行检查。已成活的，应从接口上方0.6厘米处剪砧。在大风地区，接芽长到15厘米左右时应立柱扶苗，以防风折。同时，要及时除去砧木萌芽，以集中养分供应新梢生长。春季用嵌芽接法，接穗带有木质部，操作容易，效果也较好。采集接穗应在嫁接前一个月进行。在低温条件下贮存起来。其他如劈接、皮下枝接、夏季芽接等，都可作为辅助方法加以使用。

4. 根插繁殖

利用掘苗后残留圃地的苗根，或挖取大树周围的1年生根，选粗0.4厘米以上的，截成长10～15厘米的根插穗进行扦插，也可培育成苗。插根地应深耕20～25厘米，施足基肥，做成床或垄，按10～15厘米的株距，将插根插入缝中，插穗顶端低于地面2厘米左右。插后合缝，灌水，经15～20天根穗即开始萌发出土。萌发的幼芽，选留一个健壮的芽，其余全部抹除。一般成活率在75%左右。

（三）苗木出圃

1. 苗木出圃标准

1－0型播种苗苗高可达40～60厘米，每公顷产苗22.5万～30万株。扦插苗当年平均苗高可达60厘米以上。

2. 起苗、包装与运输技术要点

文冠果1年生苗即可出圃栽植。挖苗时，要尽量保持主根和侧根根系的完整，根幅在20厘米以上。运输时，可用泥浆蘸根，然后用塑料包好。苗木长途运输时可截干，主干留50厘米，并每隔2天洒水1次。

（四）育苗年周期管理工作历

北方地区文冠果育苗管理全年工作历

技术要点	时间（月）											
	1	2	3	4	5	6	7	8	9	10	11	12
采种与催芽					○		●	○				
采条与制穗				◎								
整地做床（垄）			●	○						●		
施基肥、土壤消毒			●							●		
播种				◎	○							
扦插				○◎								
嫁接												
播种地覆盖				○◎								
浇水				◎●	○◎	○◎				●	◎	

（续）

技术要点	时间（月）											
	1	2	3	4	5	6	7	8	9	10	11	12
松土除草				◎●	○◎	◎	◎					
追肥				●	◎		◎					
病虫害防治			●	○	○◎							
起苗			◎							●	○	

三十八、元宝枫

元宝枫 *Acer truncatum* Bunge 属槭树科槭属，别称元宝槭、平基槭、华北五角枫。

落叶乔木，高 8 ~ 10 米；伞房花序顶生；花黄绿色。花期为 5 月，果期 9 月。

深根性，萌蘖力强，生长较慢，寿命较长；较喜光，稍耐荫，喜侧方庇荫，适温凉气候及肥润土壤，较耐寒，耐旱，不耐涝，较抗烟尘。

本树树姿优美，叶形秀丽，嫩叶红色，秋季叶又变成黄色或红色，为著名秋季观叶树种。

（一）种质资源与繁殖材料

1. 优质种质资源的选择

北京西山实验林场有种子林。各地用种采取就近用种，避免远距离调种。

2. 种子采收与处理

翅果成熟后脱落期较长，有便利的采种时间，但仍应早采集为好。可立木采摘或击落后从地面收集。采后晾晒 3 ~ 5 天，去杂，低温下密封干藏可保存 3 年。

（二）标准化育苗关键技术

1. 播种育苗技术

（1）育苗地准备　苗圃地以地势平缓，背风向阳，土层深厚疏松，排水良好的砂壤土为好。秋季进行深翻，并施有机肥 4 000 ~ 5 000千克/亩作为基肥。春季浅耕、耙平，并用 5% 西维因粉剂 6 克/平方米制成药土撒在土壤表面以消灭土壤害虫。元宝枫育苗在灌溉条件较好的苗圃或雨水较多的地区常采用高垄或高床，在干旱地区也可作低床育苗。

（2）种子催芽处理　播种前种子可用 40℃ 的温水浸泡 1 天，然后用 0.15% 福尔马林溶液浸种消毒，再混以粗湿沙进行低温层积催芽 30 ~ 40 天，层积催芽期间种子容易霉烂，要注意经常检查和翻倒。

（3）播种时期　播种多在春季 3 月下旬至 4 月初进行。

（4）播种　采用条播，行距 20 ~ 40 厘米，去翅和带翅播种均可。一般播种量 20 ~ 25 千克/亩，带翅及种子质量或育苗条件较差时，播种量应适当加大。覆土厚度 1.5 ~ 2 厘米，轻轻镇压。

（5）苗木培育管理　播种后一般经 2 ~ 3 周可发芽出土，发芽 3 ~ 4 天长出真叶，出苗期约 3 天，1 周内可以出齐。幼苗出土 3 周以后开始间苗，注意灌水和松土除草。一般 6 ~ 7 月苗木生长旺盛，应追施速效氮肥 2 ~ 3 次，并注意排水。9 月份苗木生长显著下降，这时应适当施磷钾肥，以利于苗木的木质化和安全越冬。

2. 移植育苗

一般培育 2 年生苗出圃造林。在播种培育 1 年以后于翌年春季（3 月上中旬）进行移植培育。用于行道树栽植时，苗龄还应大些，并注意培养干形。在大苗培育过程中，要进行中耕除草，适当追肥，发现病虫害要及时防治。

（三）苗木出圃

1. 苗木出圃标准

1 - 0 型播种苗出圃标准：Ⅰ级苗地径 0.8 厘米以上，根系长 25 厘米，>5 厘米侧根数 8 条以上；Ⅱ级苗地径 0.5 ~ 0.8 厘米，根系长 20 ~ 25 厘米，>5 厘米侧根数 5 条。

2. 起苗、包装与运输技术要点

元宝枫苗如用于造林，1 年生即可出圃。如作为绿化材料，则第二年春要进行移植培育，在苗圃培养到地径 3 厘米左右时出圃，落叶后到萌芽前（除冰冻天外）都可不带土挖掘移植。起苗时，主根要深，一般 15 ~ 20 厘米，侧根要全，同时不能伤皮，运输时要用塑料包根并塞入湿草，不能及时运走的要进行假植。苗木出圃时必须分级，并贴上标签。

（四）育苗年周期管理工作历

北方地区元宝枫育苗管理全年工作历

技术要点	时间（月）											
	1	2	3	4	5	6	7	8	9	10	11	12
采种与催芽					○				●	○◎		
整地做床（垄）			●	○						●		
施基肥、土壤消毒			●							●		
播种			●	○								
播种地覆盖			●	○								
浇水			●	○◎	○◎	○◎				●	◎	
松土除草				◎●	○◎	◎	◎					
追肥				●	◎		◎					
病虫害防治			●	○	○◎							
起苗			◎							●	○	

三十九、白蜡

白蜡 *Fraxinus chinensis* Roxb. 属木犀科白蜡树属，别名青榔木、白荆树、蜡条、白蜡、中国白蜡。

落叶乔木。椭圆花序顶生及侧生，下垂，夏季开花。花萼钟状；无花瓣。翅果扁平，倒披针形，长 3 ~ 4 厘米。花期 3 ~ 5 月；

果10月成熟。

深根性，速生，耐修剪，萌芽力强，寿命长，种子或插条繁殖；喜光，耐侧方庇荫，喜温湿气候，能耐寒，对土壤要求不严，耐低温及轻盐碱，稍耐干瘠，抗烟尘。

白蜡树木材坚韧，供制家具、农具、车辆、胶合板等；枝条可编筐；树皮称“春皮”，中医学上用为清热药。该树种形体端正，树干通直，枝叶繁茂而鲜绿，秋叶橙黄，是优良的行道树和遮荫树；可用于湖岸绿化和工矿区绿化。

（一）种质资源与繁殖材料

1. 优质种质资源的选择

同类知名种还有大叶白蜡、新疆小叶白蜡、绒毛白蜡、水曲柳等。用种以就近用种为好，选择当地优良单株采种。白蜡良种有：平罗白蜡一代种子园种子（登记编号：宁R－CSO（1）－FC－002－2007）、‘园蜡一号’绒毛白蜡（编号：鲁S－SV－FC－029－2004）、‘园蜡二号’绒毛白蜡（编号：鲁S－SV－FC－030－2004）。

2. 种子采收与处理

翅果由绿色变为黄色时开始成熟。应选择生长健壮、无病虫害的优良植株，剪下果穗或果枝，放在通风处晾干，去杂，所得纯净翅果即为播种用“种子”。可放置在低温、干燥、通风的室内或种子库贮藏，也可随采随播。白蜡树4～5月开花，9～10月成熟。

（二）标准化育苗关键技术

1. 播种育苗技术

（1）育苗地准备　应选择土层深厚肥沃、排水良好的砂壤土为育苗圃地。要深翻土地，细致做床。每亩施足有机肥料3 000千克。

（2）种子催芽处理　白蜡种子具长期休眠的特性，以低温层积催芽效果为好，即在入冬前，选排水良好处挖1米深的坑，坑底铺5~10厘米湿沙，把种子和沙按1:3拌好后，放入坑内，厚达40厘米以上，再盖蒿秆20厘米，寒冬来临时覆土堆雪，经过80天以上，翌年春季待种子1/3裂嘴便可播种。

(3) 播种时期　既可以春播也可以秋播，春播催芽是不可缺的，秋播不必催芽，播后灌水，翌年春季发芽早，出苗齐。

(4) 播种　采用低床或高垄，条播，播种量5~6千克。苗床育苗行距20~25厘米，垄作每垄播2行，行距12~15厘米，播幅3~6厘米，覆土厚度2~3厘米。

(5) 苗木培育管理　当幼苗展开2~3对真叶时开始间苗，在幼苗展开6对真叶时定苗。苗床育苗每平方米留苗50~75株(2万~3万株/亩)；垄作每米长留18~25株（1.5万~2.3万株/亩)。幼苗期追肥1~2次，用速效氮肥。幼苗展开2对真叶时追第一次，定苗后追第二次。速生期用速效氮肥追肥2次。氮肥的停止期不要晚于8月上旬。全年灌水8~10次，幼苗期前期应小水浸灌，以防冲坏幼苗，速生期灌溉的深度比幼苗期深，灌溉量多，间隔时间可适当延长。硬化期停止任何能促进生长的措施。

2. 移植育苗

白蜡生长较慢，一般培育2~3年生苗出圃造林。1年生播种苗于翌春进行移植培育。用于行道树栽植时，苗龄还应大些，并注意培养干形。在大苗培育过程中，要进行中耕除草，适当追肥，发现病虫害要及时防治。

（三）苗木出圃

1. 苗木出圃标准

1-0型播种苗出圃标准：Ⅰ级苗苗高130厘米以上，地径1.0厘米以上，根系长25厘米，>5厘米侧根数8条以上；Ⅱ级苗苗高100~130厘米，地径0.7~1.0厘米，根系长20~25厘米，>5厘米侧根数6条。

1-2 型移植苗出圃标准：Ⅰ级苗苗高300厘米以上，地径3.0厘米以上，根系长30厘米，>5厘米侧根数15条以上；Ⅱ级苗苗高200～300厘米，地径2～3厘米，根系长25～30厘米，>5厘米侧根数12条。

2. 起苗、包装与运输技术要点

起苗日期要与造林日期相配合；起苗深度25～30厘米；起苗时土壤湿度以田间最大持水量的65%左右为最理想；为防止苗根干燥，要边起边拣，边假植；剪去过长的主根和侧根及劈裂的部分。

（四）育苗年周期管理工作历

北方地区白蜡育苗管理全年工作历

技术要点	时间（月）											
	1	2	3	4	5	6	7	8	9	10	11	12
采种与催芽					○					●	○◎	
整地做床（垄）			●	○						●		
施基肥、土壤消毒			●							●		
播种				◎	○					◎●	○◎	
播种地覆盖				○◎								
浇水				◎●	○◎	○◎				●	◎	
松土除草				◎●	○◎	◎	◎					
追肥				●	◎		◎					
病虫害防治			●	○	○◎							
起苗			◎							●	○	

四十、水曲柳

水曲柳 *Fraxinus mandshurica* Rupr. 属木犀科白蜡树属，别名满洲白蜡、东北梣。

落叶大乔木，树高可达35米以上，直径可超过1米。雌雄异株，翅果稍扭曲，长圆状披针形，长2~3.5厘米，宽5~7毫米，先端钝圆或微凹。花期5~6月，果熟期9~10月。

喜光，耐寒，喜肥沃湿润土壤，生长快，抗风力强，耐水湿，适应性强，较耐盐碱，在湿润、肥沃、土层深厚的土壤中生长旺盛。

材质坚硬，纹理通直，花纹美观，是优良的建筑、家具、乐器、体育器具、车船、机械用材。该树种是古老的孑遗植物，分布区虽然较广，但多为零星散生，是东北、华北地区的珍贵用材树种，也是国家Ⅱ级重点保护野生植物。

（一）种质资源与繁殖材料

1. 优质种质资源的选择

核心分布区位于小兴安岭和长白山地区。目前经过选育认定的良种主要有：林口水曲柳种子园种子（登记编号：龙S－CSO－FM－019－2007）、八面通水曲柳母树林种子（登记编号：龙R－SS－FM－007－2007）、柴河水曲柳母树林种子（登记编号：龙R－SS－FM－008－2007）、水曲柳驯化树种NG（编号：宁S－ETS－FM－002－2007）。

2. 种子采收与处理

果实9月中旬成熟。成熟时果翅变为黄褐色或褐色。水曲柳结实量大，树上常挂满果穗。选择10~20年生的健壮、无病虫害、无疤节、干形通直、圆满、结实丰富的植株为采种母树，采摘果穗或敲打果枝，在地面收集果实，除去杂物，将种子放在背阴、干燥、通风处贮藏。

种子采收后，不去翅用水清洗，除去杂物，然后将种子混沙湿藏至第三年春播。在贮藏期间要经常检查种沙混合物的温度和湿度，如果沙子干燥，应喷适量清水，并经常翻动，保持半湿润状态。

（二）标准化育苗关键技术

1. 播种育苗技术

（1）育苗地准备　最好选择地势平坦、土层深厚、肥沃、排水条件良好、背风向阳的地段，土壤为砂壤土，在选好的苗圃地上施腐熟农家肥6 万 ~7.5 万千克/公顷。整地时用 2% 福尔马林溶液进行土壤消毒。全面整地，深翻 20 ~25 厘米，细耙，将土充分破碎，清除残根、石块。

做垄　垄底宽度 60 ~80 厘米，垄高 20 ~25 厘米，长度可依地段而定。秋季深耕 25 ~30 厘米，翌春耙地。可根据圃地肥力状况，施入充分腐熟的厩肥 3 000 千克/公顷。为防治地下害虫，结合翻地施入 50% 辛硫磷乳油制成的毒土或混入肥料中施入。春季播种前做床，苗床规格为长 20 ~40 米、宽 1 米、高 20 厘米。

（2）种子催芽处理

①隔冬层积埋藏法。储备种子于播种前一年的 8 月份进行浸种、消毒、催芽、挖坑层积埋藏，于翌年春播前取出种子，发现种胚多已变黄绿色，并有少量发芽，可适时播种。

②变温处理法。9 月中下旬新采集的种子，需用室内变温处理，按种、沙 1:3 的比例均匀混合，先在 20 ~24℃ 条件下，处理 2 个月，后转为冷温处理，0 ~5℃ 下处理 2 个月，处理顺序不能颠倒，时间不宜缩短。

（3）播种时期　春季谷雨前后，将种子取出，每天翻动几次，这期间要随时检查发芽率，当露白率达到 30% 以上时（约 5 天左右），进行播种。

（4）播种　采用垄播，苗木行距大，通风透光好，苗木长势好，便于作业。待有部分种子发芽，然后顺垄开沟条播，沟深 5 ~7 厘米，将种子均匀地撒入播种沟内，覆土 2 ~3 厘米，覆土后进行镇压，以利于保墒。播种量为 225 千克/公顷。

（5）苗木培育管理　播种后至幼苗出土前，适时浇水，保持床面土壤湿润，有利于种子萌发和幼苗出土。一般催芽效果良好的种子，5 月上旬种子即发芽出土，约 20 天苗木出齐。幼苗出齐后及时清除杂草。为防治立枯病，通常在出苗后立即喷洒 0.5% ~ 1% 的波尔多液，连续喷洒 3 ~ 5 次，每周 1 次。

间苗 第一次间苗为苗木出土后 20 天左右，主要是间掉过密的簇生苗和病、弱苗，使苗木分布均匀，第二次间苗为第一次间苗后 10 天左右进行，留苗密度 42 万株/公顷（70 株/平方米）。

施肥 为了促进苗木生长，提高苗木质量，在苗木速生期（7 月初）开始追施以氮肥为主的复合肥，7 月下旬进行 2 次追肥，并及时浇水，以保证速生期的水、肥供应；8 月末苗木进入生长后期，应适当控制水肥，防止徒长，促进苗木木质化。

除草、松土 为减少杂草危害和降雨、灌水所致的土壤板结，经常除草松土，保持育苗地土壤疏松、干净无草，同时及时防治病虫害。

2. 嫩枝扦插育苗技术

在阴天或上午露水未干以前，采集无病虫害且生长健壮的母树树冠中上部的当年生、半木质化的较为粗壮的枝条，及时保湿带到室内或室外阴凉的地方处理接穗。要求穗长 5 ~ 10 厘米，下端平剪，保留顶梢，置于平底水盆（水深 2 ~ 3 厘米）中保湿。整理好的插穗于 5 月下旬至 6 月中旬进行扦插。

扦插基质以保水性和透气性均好的蛭石以及蛭石和珍珠岩（1:1）的混合物均可；采穗母株年龄越小，插穗越容易成活，随年龄的增大，成活率下降；在嫩枝扦插时插穗水分含量高时，成活率高，插穗保湿极为重要。

（三）苗木出圃

1. 苗木出圃标准

水曲柳 1 - 0 型播种苗出圃标准：Ⅰ级苗苗高 15 厘米以上，地径 0.5 厘米以上，根系长 20 厘米，>5 厘米侧根数 10 条以上；

Ⅱ级苗苗高 10 ~ 15 厘米，地径 0.4 ~ 0.5 厘米，根系长 15 厘米，>5 厘米侧根数 8 条。

2. 起苗、包装与运输技术要点

秋季掘苗后分级入沟，将当年生苗与地面成 45°摆放，一层苗一层土，从两侧培土掩盖根系，覆土为苗高的 1/2，上冻前进行第二次覆土，将苗木全部埋严后再覆盖 20 厘米的土。土壤湿度不宜过大，防止苗木根系腐烂。翌年春季，气温、地温上升后，适时去掉假植沟上的覆土。

春季起苗应安排在造林时进行，一般在春季苗木未萌动之前，起苗后及时分级，50 株扎捆。对暂时不能运出的苗木应及时假植。假植地点应选在背风阴凉处，开沟将成捆苗木排放沟内，覆土埋实根系及苗干基部，防止日晒。

（四）育苗年周期管理工作历

北方地区水曲柳育苗管理全年工作历

技术要点	时间（月）											
	1	2	3	4	5	6	7	8	9	10	11	12
采种与催芽									◎●	○		
采条与制穗				◎								
整地做床（垄）			●	○						●		
施基肥、土壤消毒			●							●		
播种				○◎								
嫩枝扦插					●	○◎						
播种地覆盖				○◎								
浇水				◎●	○◎	○◎				●	◎	
松土除草				◎●	○◎	◎	◎					
追肥				●	◎		◎					
病虫害防治			●	○	○◎							
起苗			◎							●	○	

四十一、胡桃楸

胡桃楸 *Juglans mandshurica* Maxim 属胡桃科核桃属，别名核桃楸、山核桃。

落叶乔木，高达25米。雄花序长9~27厘米；雌花序穗状，具4~10朵花。核果卵状，果核具8条纵棱，坚硬。花期5~6月，果熟期8~9月。

胡桃楸喜光，在土层深厚、肥沃、排水良好的山腹或河岸腐殖质多的湿润疏松土地上生长良好。耐寒，能耐-40℃的严寒。根蘖性和萌芽能力强，不耐庇荫。在过于干燥或常年积水过湿的立地条件下，则生长不良。

种仁含油，为油脂植物兼木材植物。核桃楸木材之优良被人们誉为“东北三大名贵木材”之一。

（一）种质资源与繁殖材料

1. 优质种质资源选择

东北的小兴安岭、张广才岭、老爷岭、长白山区和辽宁省东部山区等地区有分布。最佳种源地在宽甸和舒兰。

2. 种子采收与处理

每年8~9月采收，成熟的果实外果皮黑褐色，9月中下旬为果实采集最佳时期。用竹竿击落果实，沤去果皮，去杂质后阴干，装入布袋，放在干燥通风的室内保存。种子保存的安全含水量应控制在15%~16%，待翌年春天播种。若秋季直播可去杂后种子直接播种到整好的育苗地内，只需在播种时放入预防鼠害的药剂即可。种实的贮藏方法有干藏和湿藏，用于育苗的种子湿藏效果好，出苗率高。

（二）标准化育苗关键技术

1. 播种育苗技术

(1) 育苗地准备

①苗圃地选择。在固定苗圃地育苗，要求地势平缓，避风，

并有良好的灌溉条件。选择湿润、肥沃、排水良好，微酸或中性的砂质壤土。在山地临时苗圃育苗应选土壤肥沃、湿润、排水良好并生有乔、灌木的阳坡或半阳坡，坡度在20°以下，土层厚度在30厘米以上的壤土或砂壤土，同时注意避开峡谷风口。

②整地、消毒和施肥。胡桃楸育苗应实行秋深耕、春浅耕。秋耕深度20～25厘米，春耕深度10～15厘米。春耕时每平方米苗圃地应用等量式（硫酸铜∶石灰∶水的比例为1∶1∶100）波尔多液2.5千克，加赛力散10克喷洒进行土壤消毒。山地苗圃在秋季整地前，还应先清除乔、灌木，刨除杂草和树根。经过多年育苗的圃地，整地时必须施基肥。基肥以腐熟的有机肥为佳，如厩肥、草炭、土粪、绿肥等。每公顷可施有机肥6万千克，并施过磷酸钙500千克。基肥一般分2次施入，在春翻地前施1/2，做床时再施1/2。

③做垄。胡桃楸育苗，床作及垄作均可，但一般以垄作为主。为提高单位面积产苗量，多采用大垄双行作。垄向以南北向为宜，垄高20～25厘米，垄间距80厘米，垄面宽45厘米，每垄可播两行。

（2）种子催芽处理　育苗前可用粒选和水选，选出粒大而重、无病虫害的种子进行催芽。

①混沙越冬地下埋藏法。在播种前一年的秋季结冻前，选排水良好、阴凉通风的地方挖一条深、宽各1米的沟，长度根据种子的多少而定。沟挖好后在底部铺一层厚1.5厘米的湿沙，在湿沙上放一层种子，种子上再铺一层湿沙，再放一层种子，这样堆至距地面10厘米时，覆盖湿沙与地面持平，然后用土堆成20厘米高的土丘，翌春播种时提前一周取出种子，摊晒翻动，过干时喷水。待种子裂口粒数占可发芽种子30%时即行播种。

②混沙变温地面堆积法。在胡桃楸自然分布区的气候条件下，10月份种子水浸48小时后，捞出晾干，以3份种子体积的湿河沙拌种，每日翻动1次，春播前晾晒2天，裂口种子占可发

芽种子30%时即可播种。

（3）*播种时期*　胡桃楸播种时间春、秋两季均可，一般多在春季播种。

（4）*播种*　采用开沟点播法，沟距30厘米，深6厘米，沟底保持平整，每隔10～15厘米播1粒种子。要求种尖横向，种子缝合线垂直地面，以利发芽生根，春播覆土厚度3～5厘米，秋播5～8厘米，覆土后，轻轻镇压，大约20天后即可发芽出土，每亩用种约220千克。

（5）*苗木培育管理*　胡桃楸主根发达，侧根少又细弱，为刺激苗木多生侧根和须根，达到根系发达，提高苗木质量和成活率，一般于苗木生长速生期的末期，用锐利的铁锹在距离幼苗根际10～15厘米处，向深15～20厘米的地方切断主根，保持主根长度不低于15厘米，具体要根据苗木长势而定。

育大苗采用垄作，株距25厘米，核桃楸的叶片长大，需要的空间也大，2～3年后根据实际需要采用隔株去株法进行疏苗，疏出的苗木可易地继续培育，育大苗的苗木顶端易分杈，田间管理应及时除杈，以免影响生长。

2. 移植苗培育

为培育大苗可在3月下旬至4月上旬进行大垄移植，每米栽4～5株，每亩可产苗5 000株左右。其他水肥、中耕、除草等工作与平时相同。

（三）苗木出圃

1. 苗木出圃标准

当年幼苗地径达0.5厘米，苗高20～30厘米时即可出圃定植。

2. 起苗、包装与运输技术要点

秋季起苗后立即分级假植。翌年春季，气温、地温上升后，适时去掉假植沟上的覆土。春季起苗应安排在造林时进行，一般在苗木未萌动之前起苗，及时分级，50 株扎成一捆。对暂时不能运出的苗木应及时假植。运输过程中，防止日晒。

（四）育苗年周期管理工作历

北方地区胡桃楸育苗管理全年工作历

技术要点	时间（月）											
	1	2	3	4	5	6	7	8	9	10	11	12
采种与催芽									◎●			
整地做床（垄）			●	○						●		
施基肥、土壤消毒			●	○						●		
播种				○◎								
播种地覆盖				○◎						○◎		
浇水				◎●	○◎	○◎				●	◎	
松土除草				◎●	○◎	◎	◎					
追肥				●	◎		◎					
病虫害防治			●	○	○◎							
起苗			●	○							○	

四十二、黄波罗

黄波罗 *Phelloendron amurense* Rupr. 属芸香科黄檗属，别称黄檗、黄柏。

落叶乔木，高 10 ~ 25 米。雌雄异株；圆锥状聚伞花序；花小，黄绿色；雄花雄蕊 5 枚，伸出花瓣外；雌花的退化雄蕊呈小鳞片状；雌蕊 1 枚，子房有短柄，5 室，花枝短，柱头 5 浅裂。浆果状核果呈球形，直径 8 ~ 10 毫米，密集成团，熟后紫黑色，内有种子 2 ~ 5 颗。花期 5 ~ 6 月，果期 9 ~ 10 月。

深根性树种，喜光，但幼时耐庇荫，耐寒力强，喜湿润、肥沃的环境，不耐干旱瘠薄。

珍贵用材树种，高档家具、建筑用材，栓皮层厚软，为优质软木工业原料。干燥树皮可入药，有清热燥湿、泻火除蒸、解毒疗疮之功效。此外，也是蜜源树和庭园绿化树。

（一）种质资源与繁殖材料

1. 优质种质资源选择

小兴安岭南坡、长白山区、河北北部为核心分布区，用种可考虑就近从优良林分和单株上采种。

2. 种子采收与处理

成熟果实为蓝黑色，不立即脱落。易被鸟啄食，应及时从树上采摘。采后堆放使果皮变软，捣碎后淘去果皮等杂物，通风处阴干，低温密封干藏。

（二）标准化育苗关键技术

黄波罗以播种育苗为主，其主要技术要点如下。

1. 育苗地准备

播种前必须把地整好。在土质黏重和降水量充沛的地区应实行秋耕春耙，在土质疏松和干旱地区以秋耕秋耙（即随耕随耙）为宜。

2. 种子催芽处理

在土壤结冻前，用水浸种 3～5 天，以种内水分饱和为度。捞出后，利用低温层积催芽，播种前 10～15 天，挪到背风向阳处，自然加温，白天摊晒，并经常翻倒，发现混沙干燥的，及时适当喷水。夜晚堆积起来，上面以草帘等物覆盖保温。待种子裂嘴达 30% 左右，即可播种。

如果因某种原因来不及实行层积催芽，可采取快速催芽法。即用 30℃温水浸种 24 小时，然后捞出种子混 3 倍湿砂放于背风向阳处的坑内（坑深以 30～40 厘米为宜），上面罩以塑料薄膜，晚间上边覆以草帘保温，每天翻动 2 次并适量浇水，保持温度在 35℃以下，最高不超过 40℃，经过 10～15 天，种子有 30%～40% 裂嘴时即可播种。

3. 播种时期

春天播种。

4. 播种

北方主要采取顺垄双行育苗，垄底宽 60 ~ 75 厘米，做垄前先开沟，向沟内施农家肥 2 500 ~ 4 000 千克/亩，然后合垄，用磙将垄面压平。垄面宽 30 ~ 35 厘米。

播种时在垄面上搂 2 条 5 厘米宽的沟，沟间距离 15 ~ 18 厘米，将经过催芽的种子，按预定播种量均匀地播于沟内，然后覆土 1 ~ 1.5 厘米。干旱地区可覆 1.5 ~ 2 厘米，上边再用磙子镇压一遍。一般种子净度在 90%、生活力在 80% 的种子，每亩要求产苗 2 万株，播种量 3 ~ 4 千克/亩。

5. 苗木培育管理

播种后适时灌溉，在北方较湿润的条件下，灌溉量可少一些。间苗应分 2 次进行。第一次在幼苗期，当出现苗木拥挤，影响幼苗生长时，开始间苗，拔掉被压苗、病伤苗；第二次在苗高 10 厘米左右时进行，拔掉被压苗、病伤苗。每米垄长留苗 24 ~ 26 株。应追肥 2 ~ 3 次，即在第一、二次间苗后各追肥 1 次，第三次在苗木速生期进行。除草本着“除早、除小、除了”的原则，根据情况确定除草次数，当土结皮时必须及时进行中耕，以保蓄土壤水分并促进苗木生侧根。黄波罗主根长，侧根少，应在 8 月中旬前后用截根犁进行截根。截根深度 12 ~ 15 厘米，截根后要灌 1 次水，或以脚踩实，防止透风，黄波罗虽然抗性较强，但也要经常检查，如发现病虫害应及时防治。

（三）苗木出圃

1. 苗木出圃标准

苗木在正常情况下，1 年即可出圃。1 年生苗一般苗高 30 厘米，地径 0.5 厘米以上。

2. 起苗、包装与运输技术要点

起苗应在苗木地上、地下都停止生长后进行，起苗应做到随起、随拣、随选、随数、随假植。若翌年春季造林，尚需选排水良好、不易遭受人畜危害的地方，实行越冬假植。越冬假植时必须掌握“疏摆、深埋、实踩”的技术要求，防止透风进水、风干或霉烂，造成不应有的损失。

（四）育苗年周期管理工作历

北方地区黄波罗育苗管理全年工作历

技术要点	时间（月）											
	1	2	3	4	5	6	7	8	9	10	11	12
采种与催芽									●	○		
整地做床（垄）			●	○						●		
施基肥、土壤消毒			●	○						●		
播种				○◎								
播种地覆盖				○◎						○◎		
浇水				◎●	○◎	○◎				●	◎	
松土除草				◎●	○◎	◎	◎					
追肥				●	◎		◎					
病虫害防治			●	○	○◎							
起苗			●	○							○	

四十三、泡桐

泡桐 *Paulownia fortunei*（Seem）Hemsl. 属泡桐科泡桐属，别称白花泡桐、大果泡桐、空桐木、水桐、桐木树、紫花树毛等。

落叶乔木，高可达 27 米。花淡紫色或白色，圆锥花序顶生。花冠钟形或漏斗形；雄蕊 4 枚；雌蕊 1 枚，花柱细长。蒴果。种子小而轻，两侧具有带条纹的翅。花期 3 ~ 4 月，果 9 ~ 10 月成熟。

泡桐对热量要求较高，不耐荫蔽，对大气干旱的适应能力较强。对土壤肥力、土层厚度和疏松程度也有较高要求。在水淹、黏重的土壤上生长不良。地下水位不足2米时，生长也差。土壤pH以6.0~7.5为好。泡桐生长迅速，7~8年生即可成材。在北方地区，以兰考泡桐生长最快。

泡桐是良好的绿化和行道树种。但泡桐不太耐寒，一般分布在海河流域南部和黄河流域以南，是黄河故道上防风固沙的最好树种。泡桐木材材质轻软，容易加工，耐酸耐腐，防湿隔热。

（一）种质资源与繁殖材料

1. 优质种质资源选择

我国北方泡桐主要栽培种有以下3种。

兰考泡桐：以河南省东部平原和山东省西南部为主。河南省发布有良种，即：兰考泡桐（良种编号：豫S-SP-PE-015-2006）。

楸叶泡桐：以山东胶东一带及河南省伏牛山以北和太行山的浅山丘陵地区为主。

毛泡桐：以陕西及河南西部为主要产区。

2. 种子采收与处理

采种多在10月中旬前后进行，果采后晾5~7天，待果皮开裂后，种子即脱出，收集种子后去除杂质，晾1~3天，装入袋中，置于干燥通风处贮藏。

3. 种根采集与处理

用于育苗的最好种根是1年生苗木出圃后余留下来的或修剪下来的苗根。种根采集时间从落叶到发芽前均可，但通常是与苗木出圃结合进行。种根挖出后，选择1~2厘米粗、无损伤的苗根，按长10~15厘米剪集根条。上端平剪、下端斜剪。种根剪取后应放置于太阳下晾晒1~2天，然后再根据粗度不同分别按一定数量绑扎成捆。春季采集好的种根可放置阴凉处随时运往圃地埋根育苗。冬季采集的种根则应及时贮藏。方法是：在背风向阳、排水良好的地方，挖宽1米，深0.5~0.7米的贮藏沟，沟长视种根多少而定，沟底铺10厘米的湿沙，将晾晒过的种根大头向上排列于沟内，种根之间的空隙用湿沙填实，种根太多时可上下排二层，中间用湿沙隔开，上面再盖20～30厘米湿沙，最后用土封坑，封土厚度以不冻种根为宜。沙的湿度以手握成团不出水，松手不散为宜。放种根时，每隔1～2米立一草把，以利通气。种根贮藏后，周边应挖沟排水，防止雨雪水流入沟内。在种根贮藏期间，每隔1个月左右，检查1次，以防种根霉烂。如发现霉烂，应翻坑晾晒，也可用0.1%的高锰酸钾溶液浸根30分钟后，晾干再贮藏。如沙子过干，应及时洒水保湿。

（二）标准化育苗关键技术

1. 播种育苗技术

（1）育苗地准备　育苗地要求做到床面平整、土壤细碎、上松下实，便于排灌。采用高床、半高床或垄床均可。结合做床施硫酸亚铁75千克/公顷进行土壤消毒。

（2）种子催芽处理　为使种子出芽齐、出芽快，播种前要进行种子催芽，其方法是用35～40℃温水浸种，直到冷却后再继续浸种24小时，然后捞出放在蒲包或瓦盆内，置于35℃温暖处催芽，每天用温水冲洗1～2次，不断翻动，经3～5天部分种子开始发芽后，即可播种。播前用0.2%的五氯硝基苯浸种40分钟，再用冷水冲洗，以消灭种子所带病菌，减少立枯病、炭疽病的危害。

（3）播种时期　播种期在河南以4月上、中旬为宜，若用薄膜温床育苗，可提前到2月底至3月初。

（4）播种　播前应灌足底水，使床面成泥糊状，待水分下渗后，立即趁湿播种，撒播或条播均可。播后用腐熟的马粪覆盖好，厚度以微见种子为宜。若采用地膜覆盖，既能提高地温又可保持湿度，为幼苗迅速生长创造有利条件。

（5）苗木培育管理　播种后，只要温度适宜，出苗比较容易，幼苗在生出2对真叶之前根系很浅，如表土干旱，应勤洒水、浇水，只要保持床面湿润即可；幼苗具3～4对真叶时，在床面均匀覆盖细土2～3次，以防苗木烂根和日灼，停止浇水，进行蹲苗，促进根系生长，这是育苗能否成功的关键措施。要及时防治病虫害。在苗木旺盛生长期，从7月开始每隔20天施肥1次，每次追施氮肥150千克/公顷或人粪尿6 000～7 500千克/公顷，结合施肥进行浇水。雨季做好排水防涝工作。

2. 插根育苗技术

（1）圃地选择与整地　泡桐苗喜光、喜肥、喜湿、怕旱、怕淹，苗圃地应选择地势平坦，土层深厚，耕作层超过50厘米，土壤肥沃，通气性良好，地下水位在1.5米以下，排灌方便，背风向阳的砂壤、壤土或轻黏土。整地时每亩施入腐熟有机农杂肥300千克，磷肥30千克，然后深耕40～50厘米。最好在秋末冬初时深耕，可促使土壤风化，冻死越冬害虫。耙碎、耙平后做床，床高20厘米，床面宽70～75厘米。四周开好排灌边沟。

（2）插根　3月中、下旬至4月底都可插根。插根时对粗度不同的种根应分开育苗。首先按株行距定点挖穴或用竹签引眼，将种根大头向上直插于穴中，注意不要损伤种根和幼芽，上端略低于地面1～2厘米，然后填土压实，使种根与土壤密接，再在上面盖少量虚土。若分不清种根大小头，则将种根平埋，以避免倒插种根现象。一般培育干高4米左右的Ⅰ级苗木，其密度每亩667株、株行距各1米。若要培育5米以上的特级苗，其株行距可适当加大到12米。

（3）苗期管理　插根后到苗木出齐期间，要及时排除圃地积水，防止地表板结。最好采用地膜覆盖。对每穴萌发出的数个萌芽，只保留1～2个健壮芽，其余的芽及时抹去。在苗木进入生长初期后，要进行松土、培土和除草。初期每隔10天追施0.2%尿素水溶液，每株浇1千克。之后施硫酸铵每亩26～40千克，施肥方法是在离苗木20～30厘米处挖半月形沟，施肥后封土。天旱时应结合施肥适当灌水。苗木进入速生期，要采取人工或化学除草方式及时除去杂草。除草时，应结合进行1次根部培土。雨季要保证圃地无积水；干旱季节要注意灌水，保持土壤湿润。在速生期要各追施1次速效肥，每次每亩施硫酸铵60～100千克。为促进苗干的生长，苗木在生长期间由叶腋萌发的副梢，应及时抹掉。苗木地上部分生长逐渐减缓，至封顶期间，再施磷钾复合肥40～50千克/亩，促进苗木的后期生长，提高苗木质量。

泡桐苗期的害虫主要有金龟子、小地老虎、泡桐网蝽、泡桐叶甲等。金龟子防治方法可在圃地翻耕时放鸡鸭吃掉害虫或人工捕杀；苗木出土后，在被害的苗木上浇洒20%桐籽饼液（10千克桐籽饼掺水40千克），防治效果很好。小地老虎的幼虫在4月底开始出来活动，白天躲在土里，晚上爬到地面咬断幼苗根部。防治方法主要是在被害苗木附近扒开土来捕杀。泡桐网蝽主要危害叶片，可用40%乐果800～1 000倍液喷杀。泡桐叶甲也危害叶片，可用敌百虫粉剂喷杀。

病害有炭疽病、黑豆病，以炭疽病为主。可用1份硫酸铜和10份碳酸氢铵混合，密封24小时后，配制200倍液喷洒幼苗，对防治炭疽病和黑豆病都有较好的效果。

3. 移植苗培育

泡桐为强喜光树种，在造林时不宜太密。泡桐不能栽植太深，1年生大苗栽植时，栽植深度以苗木根颈处与地表相平为宜。特殊情况下，如干旱或砂壤土中种植的，根颈处可低于地表15～20厘米。栽植时根系要理顺，防止窝根，填土时栽后要立即浇1次透水，保证土壤与根系密接，保证成活率，防止根系架空。浇水后，要随即培一层薄土，防止土壤板结和干裂。

（三）苗木出圃

1. 苗木出圃标准

泡桐1－0型播种苗出圃标准：Ⅰ级苗苗高300厘米以上，地径4厘米以上；Ⅱ级苗苗高200～300厘米，地径3～4厘米。

$1_{(2)}-0$ 型插根苗出圃标准：Ⅰ级苗苗高500厘米以上，地径6厘米以上；Ⅱ级苗苗高300～500厘米，地径4～6厘米。

2. 起苗、包装与运输技术要点

泡桐埋根苗出圃除秋季10月左右带叶造林外，通常是在春节前后进行。泡桐苗木根系脆嫩，在挖苗、运苗过程中，应尽量避免损伤苗根，防止辟裂、折断。由于泡桐埋根苗多数形成2层根，出圃时除挖出上层根外，还应挖出下层根；起苗时根幅大小一般以保持在50厘米左右为宜。

（四）育苗年周期管理工作历

北方地区泡桐育苗管理全年工作历

技术要点	时间（月）											
	1	2	3	4	5	6	7	8	9	10	11	12
采种与催芽										◎		
采根			●	○◎							●	
整地做床（垄）			●							●		
施基肥、土壤消毒			●							●		
播种				○◎								
埋根			◎●	○◎								
播种地覆盖												
浇水				◎	●							
松土除草							◎	◎				
追肥				●	●	●	○●	◎	○			
病虫害防治				○◎								
起苗			◎							◎		

四十四、柠条

柠条 *Caragana* spp. 属豆科锦鸡儿属。我国同属植物有66种。

落叶大灌木，株高最高可达2米。花黄色，单生，蝶形花冠。荚果，披针形。花期5~6月，果期7月。

根系极为发达，主根入土深，侧根根系向四周水平方向延伸，纵横交错，固沙能力很强。耐旱、耐寒、耐高温，是干旱草原、荒漠草原地带的旱生灌丛。柠条寿命长，一般可生长几十年，有的可达百年以上。柠条的耐盐碱性也很强，土壤pH值6.5~10.5的环境下都能正常生长。

柠条是中国西北、华北、东北西部水土保持和固沙造林的重要树种之一，属于优良固沙和绿化荒山植物，同时还是良好的饲草饲料。柠条的枝条含有油脂，燃烧不忌干湿，是良好的薪炭材。具根瘤，有肥土作用，嫩枝、叶含有氮素，是沤制绿肥的良好原料。种子含油，可提炼工业用润滑油，干馏的油脂是治疗疥癣的特效药。树皮含有纤维，能代麻制品。开花繁茂，是很好的蜜源植物。

（一）种质资源与繁殖材料

1. 优质种质资源选择

各地可根据当地自然条件选择适宜柠条种。各地发布的柠条优质种质资源有：杭锦旗柠条锦鸡儿母树林种子（良种编号：内蒙古S-SS-CK-007-2009）、达拉特旗柠条锦鸡儿母树林种子（良种编号：内蒙古S-SS-CK-008-2009）、柠条盐池种源（编号：宁S-SP-CM-0012-2007）、毛条灵武种源（编号：宁S-SP-CK-0011-2007）。目前在我国柠条人工造林中主要以小叶锦鸡儿、中间锦鸡儿、柠条锦鸡儿等为主。

2. 种子采收与处理

柠条种子成熟不一致，因种类、地区、地形甚至同一株上不同的方向等成熟有先后之分。因此，一般多分期采收。成熟的种子是荚果果皮变硬，稍干，种子无浆并能分成豆瓣，呈现出种子成熟时所固有的色泽。果荚坚硬呈黄棕色，枝上部果荚里有2~

3 粒种子呈米黄色即可采种。从果实成熟到裂果时间很短，单株 2 ~ 4 天。因此要随熟随采。采收以手摘荚果的方式进行。采收荚果后应及时干燥、脱粒。种子应放置在通风干燥下贮藏。

3. 插穗采集与剪截

4 月底将采好的硬枝枝条剪成长 12 ~ 15 厘米的插穗，去掉过细的枝头，下端距下芽 0. 5 ~ 0. 8 厘米处剪成马蹄形，把剪好的插穗每 20 ~ 30 株基部对齐捆成 1 捆。

嫩枝插穗可剪成 10 ~ 15 厘米长的插穗，去掉枝刺，上端保留 2 ~ 3 轮叶片。过细枝或较嫩的梢头剔除，使用激素 ABT1 和 IBA 可提高中间锦鸡儿嫩枝扦插生根率，速蘸 5 ~ 10 秒，处理浓度以 100ppm 和 500ppm 为佳。

（二）标准化育苗关键技术

1. 播种育苗技术

（1）育苗地准备　育苗地最好秋季深翻，翌春做床。低床或高低合并床均可，床做好后再用锹浅翻 1 次，并施足底肥，同时用西维因 1 ~ 1. 5 千克/亩，以便杀死土壤害虫。所用几种药物要交替使用，避免虫体产生抗药性。然后搂平，捡去杂物，播前 5 ~ 7 天灌足底水。

（2）种子催芽处理　将净种用 0. 5% 的高锰酸钾水溶液浸种半小时，捞出后用清水淘洗 1 次，再用温水或冷水浸种 8 ~ 12 小时，待种子吸水膨胀后捞出，堆在室内地上，室温保持在 13 ~ 18℃。经常保持湿润，并勤翻种子以免发霉，催芽 12 ~ 24 小时即可播种。

（3）播种时期　春季当土壤 5 厘米深处温度达到 10℃ 左右时即可播种。

（4）播种　播种方法采用条播，播幅 10 ~ 15 厘米，间距 10 ~ 15 厘米。

（5）苗木培育管理　播种后如遇急雨，土壤发生板结后，要及时扳去“硬皮”，稍覆碎土。幼苗出齐后轻灌1次水，但不要灌水过早，以免淤苗，浇后要及时松土。苗高4~6厘米时开始间苗、定苗，每平方米净面积均匀留苗120~150株，每亩产苗8万~10万株。如育苗地偏碱性，浇水次数要适当减少。1年松土、除草4~5次。6月下旬至7月是苗木生长的旺盛期，要结合浇水每亩施尿素15~20千克。进入雨季，苗木易患病，可用代森锌、多菌灵等药剂喷雾防除。8月份后停止浇水、施肥，以促进苗木木质化。

为促进根系的生长，提高分蘖和生长，柠条要适时平茬。第一次平茬一般在播种后第三年秋季进行，以后每隔4~5年平茬1次。平茬最好在秋天落叶后进行，以免影响生长和损伤根系。平茬时茬口要低，不要劈裂根系。结合平茬，深翻松土1次。

柠条最严重的虫害是种实害虫，如柠条豆象、柠条小蜂、柠条荚螟、柠条象鼻虫等。可采用以下方法防治：①开花时喷洒50%百治屠1 000倍液，毒杀成虫。5月下旬喷洒80%磷铵1 000倍液，或50%杀螟松500倍液，毒杀幼虫，并兼治种子小蜂、荚螟等害虫。②无虫纯净的种子千粒重为35~37克，而有豆象的种子千粒重仅23~26克。因此，可用风扇、簸箕选种，再用1%的食盐水浸选，捞出漂浮的种子，集中焚毁。但对下沉的种子要用清水洗净，以免影响发芽。③播种前用60~70℃水浸泡种子5分钟杀死幼虫，打捞漂浮种子焚毁。④营造混交林，适时平茬复壮。⑤作好种子调运时的检疫工作，杜绝害虫的传播蔓延。

2. 插条育苗技术

柠条为难生根树种，但在适当条件下也可进行扦插。

(1) 硬枝扦插

①基质和插床准备。扦插床设置在光照丰富、通风、地势平坦、排水良好的地段，床面宽1.5米，插床内铺设小型喷灌，定时喷水，扦插后覆盖小拱棚进行保温保湿。扦插基质为水洗粗沙，基质厚度一般在10厘米左右，扦插前用木板刮平床面，剔除

较大的石块，用水浇透插床，并用0.2%～0.5%的高锰酸钾溶液进行消毒。

②扦插。将捆好的插穗分别放入事先已配好的激素IBA浓度1 000ppm，速蘸5～10秒，进行扦插，深度5厘米左右，密度为2厘米×3厘米，再把插穗插入穴中，插后用手压实穴孔，以免插穗悬空而无法充分与基质接触。

③插后管理。扦插后立即浇透水1次，让土壤与插条基部紧密结合，有利于吸水成活。浇水后及时搭棚覆膜，四周用土压实，有利于保温、保湿加速发根速度，温度高时可在两头通风。每隔10天喷洒多菌灵1次，插穗发芽后逐渐减少日喷水次数，根系形成后日喷水1次，10天后每隔3天喷水1次，6月中旬揭去地膜。柠条是旱生树种，根系形成后基质不宜湿度过大，以免造成霉烂。

（2）嫩枝扦插　在保护地中进行，扦插床选择地势平坦、排水良好处设置，床面宽1.0米，床内布设微喷装置。扦插基质使用珍珠岩，厚度8～10厘米。扦插前床面整齐，灌透水，并使用0.5%的高锰酸钾液消毒。插床搭拱形塑料棚增温保湿。插后喷水，及时搭设遮荫网，经常保持叶面湿润，以免因床面温度过高灼伤叶片。

（三）苗木出圃

1. 苗木出圃标准

柠条当年播种苗苗高达30～40厘米以上的即可出圃，但一般干旱地区，柠条出圃时常把地上部分剪掉一部分，保留10厘米高的干，以减少枝条过多失水枯干。

2. 起苗、包装与运输技术要点

秋季起苗，边起、边捡、边分级、边假植或包装。干旱地区造林要截干。运输过程中，防止风吹日晒。

（四）育苗年周期管理工作历

北方地区柠条育苗管理全年工作历

技术要点	时间（月）											
	1	2	3	4	5	6	7	8	9	10	11	12
采种与催芽							●	○◎	○			
采条与制穗				◎●								
整地做床（垄）			●							●		
施基肥、土壤消毒			●							●		
播种				●								
扦插				●	○							
播种地覆盖												
浇水					○							
松土除草					◎	◎	◎					
追肥						●						
病虫害防治					●							
起苗			●							●	○	

四十五、沙枣

沙枣 *Elaeagnus angustifolia* L. 属胡颓子科胡颓子属，别名香柳、银柳、桂香柳等。

灌木或乔木，高可达 15 米。花小，银白色，芳香，通常 1 ~ 3 朵生于小枝叶腋，花萼筒状钟形。果实长圆状椭圆形，果肉粉质，果皮早期银白色，后期呈黄褐色或红褐色。果实于 10 月中、下旬成熟。

生长快，适应性强，根系发达，水土保持力强。耐寒，耐旱，耐盐碱力强，特别是对硫酸盐土抗性强，是沙荒、盐碱地、石砾地、河滩地、黄土丘陵地的主要造林树种。

沙枣用途广泛，沙枣热值含量高，是重要的薪材树种。花期长而繁密，有芳香，是良好蜜源。果实可食，叶可做饲料。有根瘤，可改良土壤。木材坚实，纹理美丽，可做家具。

（一）沙枣种质资源与繁殖材料

1. 优质种质资源选择

沙枣在分布区适应性强，可就近用种。宁夏发布有沙枣优质种质资源，即：沙枣宁夏种源（编号：宁 S－SP－EA－008－2007）。良种基地有：甘肃灵武市国家沙生灌木良种基地，新疆生产建设兵团农八师国家沙生树种良种基地。

2. 种子采收与处理

沙枣果实于 10 月中、下旬成熟。果实成熟后并不立即脱落，可用手摘取或以竹竿击落，下铺布幕收集。采种要选择生长健壮，无病虫害、树干较通直、果实品质好的母树。果实采回后及时摊晒，防止发霉，干后用石碾碾压，脱除果面。种子在干燥通风处贮藏，堆层厚度不宜超过 1 米。

3. 插穗采集与剪截

一般采用当年生，健壮，芽苞饱满，木质化较好，无病虫害的枝条。采条时间最好在春季树叶流动之前（2 月底至 3 月初进行）。对采好的种条进行分级，每 100 根捆成 1 捆，浸泡于水中。种条浸泡 15～20 天后，即可剪穗，插穗长度为 18～20 厘米，粗度以0. 8～1. 2 厘米为宜。插穗的上端剪成平口，下端剪成斜面，斜面与上芽的方向相反，最好靠近下芽。剪芽后按粗细分级，注意不要颠倒乱放，以便催根和扦插。

（二）标准化育苗关键技术

1. 播种育苗技术

（1）育苗地准备　沙枣育苗地以排水良好肥沃的砂壤土为宜。

整地一般进行 2 次。第一次必须在上一年雨季前（7 月下旬至 8 月为集中降水季节）完成深翻。整地深度 25～30 厘米。第二次是在春播前解冻后进行。整地时要施入足够的基肥，浅耕 15~20 厘米疏松表土层，防止水分散失，并做好消毒及灭虫工作。

沙枣适应性较强，育苗可用低床，也可采用大田式的带状育苗。主要根据水源和地势决定。在平整好的地段上，划线筑埂。在西部地区，苗床规格一般采用步道高 15 厘米，苗床宽 2 米，长 10 米。床面要平整，土壤细碎。

（2）种子催芽处理　春季播种育苗，播前需催芽处理，一般在 12 月至翌年 1 月，将取过果肉后的种子淘洗干净，掺等量细沙混合均匀，放入事先挖好的种子处理坑（深 80~100 厘米，宽 100 厘米左右，长随种子的多少而定）内，或按 40~60 厘米厚堆放于地面，周围用沙埋成埂，灌足水（种子上面积水 10~20 厘米），待水渗下或结冰后，覆沙 20 厘米越冬。未经冬藏催芽的种子，播前可先用 50℃左右温水浸泡 2~3 天，淘洗干净捞出，在室外向阳处摊铺覆盖麻袋或塑料薄膜保湿催芽，或采用马粪催芽，当少部种子露出白尖即可播种，但发芽出土不及混沙冬藏催芽处理的好。秋播的种子不必催芽处理。

（3）播种时期　春播，播种时间为 3 月下旬至 4 月上、中旬。秋播，播种时间为 4~6 月份。

（4）播种　沙枣育苗可用大田式条播，行距 25 厘米，播种深度 3~5 厘米，每米常播种沟播种 100 粒左右，每亩下种 20 千克左右，播后覆土，6 月上旬间苗，苗距 7 厘米，每亩保苗 3 万~4 万株。当年生苗高 50~60 厘米时，可出圃造林。

（5）苗木培育管理　沙枣苗基本齐苗时进行第一次灌水，结合灌水每亩撒施尿素 5 千克，撒施避免在雨后或有露水的时候进行，以防烧苗。以后浇水根据气候及土壤墒情而定，全年灌水 5~7 次，在 8 月份以前结合灌水撒施尿素 2~3 次。土壤肥力较低的可以在第二次灌水后结合中耕除草按照每亩 10 千克追施 1 次二铵。由于沙枣是乡土树种，具有较强的抗性，因此，秋季控水要求相对较宽松，避免秋季大水大肥，同时要灌足冬水、浇好春水。沙枣是喜光树种，幼苗期及时进行除草，在苗木封垄前要结合每次灌水进行1次中耕除草，苗木封垄后中耕除草次数可减少。

沙枣苗期易发生立枯病，当苗出齐后每15天喷洒1次0.5%~1%等量式波尔多液或喷洒1%~2%硫酸亚铁药液进行防治。沙枣木虱主要危害苗木的新梢，可用40%氧化乐果乳油、80%敌敌畏乳油、50%马拉硫磷乳油、90%敌百虫晶体、50%杀螟松乳油1 000~1 500倍液防治。地下发生地老虎、蝼蛄、蛴螬等害虫时，可用600~800倍敌百虫溶液进行灌根。

2. 插条育苗技术

（1）基质和插床准备　育种地在扦插前要深翻，施足基肥，一般每亩施农家肥3 500千克或二铵20千克、过磷酸钙20千克。扦插前10天硫酸亚铁或甲胺磷进行土壤消毒，深度为18~25厘米，并灌足水。3月下旬扦插前在平整好的圃地上沿水流方向铺设地膜，地膜间距40厘米，边缘压土每10~15厘米，在地膜中间每1~1.5米适当压土，使地膜与土壤紧密接触。

（2）扦插　在土壤解冻，地温保持在8℃时开始扦插。剪好的插穗用ABT生根粉处理，即用1号生根粉1克溶于500克酒精中，再加入7.5千克水，配制成浓度为125ppm的溶液，将插穗浸泡2小时即可扦插。采用直插法，以25厘米×70厘米的株行距进行扦插，扦插时注意插穗的底部切口勿被地膜封死，使插穗和土壤密接，然后覆土紧压地膜，以防风吹掀起地膜。

（3）插后管理　在扦插后20天左右留1~2个健壮的萌芽，抹去侧芽，促进苗木生长。其间注意灌水和病虫害防治。灌水应从地膜两侧渗入为好。禁止大水漫灌，以免在地膜上淤积污泥，影响采光，待土壤稍干后，立即将歪斜的插苗扶正，踏实。若有地膜下展出的叶子，需要及时放出，以免灼伤幼芽，影响成活率，同时对没有成活的插穗及时进行补植。幼苗生长期间需追肥2次。每亩可追施尿素15千克，叶面喷洒磷酸二氢钾0.25千克，分别在6月中旬和7月中旬各1次，追肥应在灌水之前进行。地膜下的杂草用土压法，使地膜与杂草充分接触灼伤死亡。地膜间杂草用人工消除，以利于提高地温，改善通气条件，减少蒸发，从而促进幼苗生长。

（三）苗木出圃

1. 苗木出圃标准

沙枣1－0型播种苗出圃标准：Ⅰ级苗苗高80厘米以上，地径1.0厘米以上，根系长28厘米，>5厘米侧根数10条以上；Ⅱ级苗苗高65～80厘米，地径0.6～1.0厘米，根系长27厘米，>5厘米侧根数8条。

2－0型播种苗出圃标准：Ⅰ级苗苗高160厘米以上，地径1.8厘米以上，根系长30厘米，>5厘米侧根数27条以上；Ⅱ级苗苗高115～160厘米，地径1.0～1.8厘米，根系长27厘米，>5厘米侧根数12条。

2. 起苗、包装与运输技术要点

起苗要做到少伤侧须根，不折断苗干。在庇荫处分级统计，及时假植或包装运输。

（四）育苗年周期管理工作历

北方地区沙枣育苗管理全年工作历

技术要点	时间（月）											
	1	2	3	4	5	6	7	8	9	10	11	12
采种与催芽			○							●		
采条与制穗		●	○									
整地做床（垄）		●					◎					
施基肥、土壤消毒		●										
播种				○								
扦插				●								

（续）

技术要点	时间（月）											
	1	2	3	4	5	6	7	8	9	10	11	12
播种地覆盖												
浇水		●		◎	◎	○					●	
松土除草			○	●	●	◎	◎					
追肥				◎			●					
病虫害防治				◎		○						
起苗				○							◎	

四十六、花棒

花棒 *Hedysarum scoparium* Fisch. et Mey. 属蝶形花科岩黄芪属，别名细枝岩黄芪、花子柴、花帽和牛尾梢等。

落叶大灌木，高可达 7 米。总状花序，花冠紫色。果密被白色柔毛，内含 1 粒种子。花期自 7 月中、下旬至 10 月上旬，果 10 月下旬成熟。

喜光树种，适应沙漠环境，萌蘖力强，生长较快，耐沙埋，耐严寒酷热，抗风蚀，主侧根系都很发达，是防沙治沙的优良树种。主要生长我国西北的半固定沙地、流动沙地、砂质戈壁滩及草原。花棒在流动沙地上，各部位均能生长，但适于生长在风蚀较轻的迎风坡 2/3 以下或适当沙埋的落沙坡脚和丘间低地的四周。

花棒枝干含油脂，为优良薪柴；树干可作农具柄；茎皮纤维强韧，可搓麻绳；嫩枝叶可用于饲料；种子可榨油。

（一）种质资源与繁殖材料

1. 优质种质资源选择

花棒适生于华北、西北草原及荒漠、半荒漠地区。适生性强，育苗用种以就近用种为原则。良种基地有：甘肃灵武市国家沙生灌木良种基地，新疆生产建设兵团农八师国家沙生树种良种基地。

2. 种子采收与处理

采种期 10 月下旬以后。当荚果由绿色转变为灰色时，是采收的最佳时机。采种时，要选择 5 年以上的壮龄母树，幼树虽也结实，但种子发育不健全，秕子很多。采时要防止损伤枝干。采集的果实要及时摊晒，去掉枝叶杂质后再晒 1 遍，然后放在干燥通风处贮藏。

（二）标准化育苗关键技术

花棒育苗目前均采用种子播种方式。

1. 育苗地准备

花棒为种子繁殖，不宜在黏重的土壤上育苗，应以砂质或砂壤质土为宜，在地下水位过高或排水不良的地方育苗，极易发生根腐病。在春季播种前一年秋天施肥、深翻、整地、灌底水，于早春土壤解冻的 3 月中、下旬至 4 月上旬，抢墒播种。

2. 种子催芽处理

砂土育苗种子一般不做处理直接播种。在壤土育苗，种子一般用冷水（或温水）浸 1 ~ 2 天，混湿沙堆放催芽，适当加水，并保持湿润，当 10% 种子露白时即可播种，每亩播种量 6 ~ 8 千克。

3. 播种时期

花棒育苗以春播育苗为好，播种期一般在 3 月下旬至 4 月上旬。

4. 播种

播种前，应细致整地，施足底肥，混入磷肥更好，采用大田式育苗，多为行距 25 厘米的条播，播前先挖 1. 50 ~ 2 厘米深的小沟，将种子均匀撒在沟内，铺撒近 1 厘米厚的细沙，播后随即灌足水；如土壤变干，而花棒尚未出土，可适当浅灌水 1 次，直至催出全苗。在幼苗出土后不再灌水，灌水过多会造成苗木大量死亡。

5. 苗木培育管理

花棒育苗，以7~10天出土为好，发芽出土时间越迟失败率越高，适时做好中耕、锄草等抚育管护工作。

花棒的主要病害为白粉病，此病在7~9月常有发生，应及时用粉锈宁25%可湿性粉剂500倍液进行喷雾，控制病情蔓延。要防治鼠害，播种后用敌敌畏拌少量花棒种子，均匀撒在育苗地，可起到一定效果。蚜虫，幼苗、幼林均易受危害。5月间盛发，盛夏期较少，到秋季再度盛发。喷洒40%乐果乳剂2 000~3 000倍液或80%敌敌畏乳剂3 000倍液防治效果较好。

（三）苗木出圃

1. 苗木出圃标准

1年生苗苗高达40~60厘米即可出圃。

2. 起苗、包装与运输技术要点

起苗要做到少伤侧须根，随起、随拣、随分级。不能及时栽植的应及时假植或包装运输。

（四）育苗年周期管理工作历

北方地区花棒育苗管理全年工作历

技术要点	时间（月）											
	1	2	3	4	5	6	7	8	9	10	11	12
采种与催芽										●	○◎	
整地做床（垄）			◎							●		
施基肥、土壤消毒			◎							●	○	
播种			●	○								
播种地覆盖												
浇水				○	◎						○	
松土除草				◎	◎							
追肥												
病虫害防治					◎		○◎●	○◎●	○◎●			
起苗										●	○	

四十七、杨柴

杨柴 *Astragalus mongolicum* Turez 属蝶形花科黄芪属，别称踏郎、三花子、蒙古岩黄芪、山珠子等。

落叶灌木，高1~2米。总状花序腋生，花紫红色，蝶形，荚果具1~3节，每节荚果内有种子1粒，荚果扁圆形。花期7~8月，果期9月。

耐干旱，耐-30℃低温，耐瘠薄，抗风沙，可以在含盐量小于6克/升的土壤上正常生长。喜欢适度沙压并能忍耐一定风蚀。一般是越压越旺，为优良的固沙植物种。杨柴自然繁殖力强，多在根际形成萌蘖，贴地面向外扩展，积沙后能生不定根蔓延繁生，覆盖沙面，自然形成较大的灌丛堆，根系有根瘤。

杨柴具有丰富的根瘤，利于改良沙地，并提高沙地的肥力。也是优良饲料、蜜源植物。

（一）种质资源与繁殖材料

1. 优质种质资源选择

杨柴多生于浑善达克沙地，鄂尔多斯沙地等年降水量200~400毫米的草原地带和荒漠草原地带的流动、半固定、固定沙地上，以及沙丘、沙地和冲刷沟中。育苗就近用种。可供应良种的基地有：甘肃灵武市国家沙生灌木良种基地，新疆生产建设兵团农八师国家沙生树种良种基地。

2. 种子采收与处理

当荚果的颜色由绿变为黄褐色时，种子已经成熟，可以开始采集。采种后应及时晾晒，除去杂质和荚果皮，贮藏于通风、干燥处，等到种子干透，收集备用。

（二）标准化育苗关键技术

杨柴育苗均采用播种育苗，主要技术要点如下。

1. 育苗地准备

杨柴为典型的沙生植物，其育苗地应选择地势平坦、交通方便、有灌溉条件且排水良好的砂质壤土地，切忌在黏土地上育苗。在育苗之前最好在前一年秋季深翻，耙碎整平。第二年春季播种前每公顷施有机肥 7 500 ~ 12 000 千克、磷肥 450 千克、硫酸亚铁 300 千克，然后整平待种。

2. 种子催芽处理

播种前种子应用 0. 5% 的高锰酸钾溶液消毒。

3. 播种时期

播种时间一般在 3 月中、下旬至 4 月上旬抢墒播种。如果早播地温低或土壤易板结，播种期可适当推迟至 4 月下旬至 5 月初。如果育苗地风大，持续时间长，则必须避过大风期，且播后应作沙障。

4. 播种

播种方法宜采用大田式条播，行距 10 ~ 15 厘米。播种深度以 2. 5 ~ 3. 5 厘米为宜。播前或播后应灌水。播种量以每公顷 150 ~ 250 千克为宜。

5. 苗木培育管理

沙地播后如发现土壤变干而幼苗尚未出土的，则应进行灌水。苗高 5 厘米时，应及时除草，严格遵循“除早、除小、除了”的原则，同时应视土壤干湿度适时灌水。6 月中旬和 7 月上旬要分别进行 1 次追肥，每公顷施 180 千克尿素。

杨柴苗期蚜虫危害十分严重，一旦发现要及时防治，一般用 40% 乐果乳油 1 000 倍液临近傍晚时喷洒即可。越冬时灌足冻水，并注意防止牲畜危害。

杨柴遇到一定沙埋厚度后，可大大促进其生长和萌发，这也是很多沙生植物都具有的特征。杨柴沙埋后，被埋的地上茎能够萌蘖出根茎，在根茎上能够萌发不定根，增加水分和养分的吸收。根茎的生长，萌蘖出新一代的子株，增加了地上枝条的数量。

（三）苗木出圃

1. 苗木出圃标准

杨柴适应性强，自然繁殖很快。要求主根长20厘米以上、侧根完整即可出圃。

2. 起苗、包装与运输技术要点

杨柴苗一般在育苗的第二年的4月上中旬起苗入窖，冷藏，控制苗木萌发，延长造林期。一般选择建筑物的背阴面建立地下贮藏窖。

起苗时要保护根系完整，不失水。苗木入窖前为防止苗木霉烂，要对贮藏窖进行消毒。可用硫磺燃烧熏蒸、甲醛－高锰酸钾熏蒸和福尔马林喷雾等方法。苗木入窖时先在贮窖内铺约5厘米厚的湿沙，然后把杨柴苗每1 000株扎为1捆，根部向下竖立依次摆放，后用湿沙填满空隙。多时可用贮苗架分层存放，一般情况苗木可贮藏到7月底。苗木入窖须在休眠期进行，随起苗、随入窖。

（四）育苗年周期管理工作历

北方地区杨柴育苗管理全年工作历

技术要点	时间（月）											
	1	2	3	4	5	6	7	8	9	10	11	12
采种与催芽								●	○◎			
整地做床（垄）										◎●		
施基肥、土壤消毒			◎									
播种			●	○◎								
浇水			●	◎								◎
松土除草				●	◎							
追肥						◎	○					
病虫害防治				◎								
起苗				○◎								

四十八、北沙柳

北沙柳 *Salix psammophila* C. Wang et C. Y. Yang 属杨柳科柳属，别名筐柳、沙柳、西北沙柳。

灌木或小乔木。花序轴密生长柔毛；子房密生短丝毛。蒴果长3毫米，无梗，裂开为2瓣，种子具长白毛，花期3月，果期5月。

抗逆性强，较耐旱，喜水湿；抗风沙，耐一定盐碱，耐严寒和酷热；喜适度沙压，越压越旺，但不耐风蚀；繁殖容易，萌蘖力强。沙柳在干草原地带沙地、黄土丘陵均可生长。引至半荒漠地区，在地下水较浅的沙地上生长良好，在干旱流沙山则生长不良，在湿润丘间低地常与毛柳和芦苇伴生，在地下水较深的沙地上则常与油蒿组成群丛。

北沙柳是防风、防蚀、护岸、固沙的良好树种，而且其嫩枝鲜叶，营养价值高，是良好的畜牧饲料。枝干容易燃烧，是良好的薪材。木材质软，是良好的编织材料。树皮可提取制革材料。花为蜜源。皮、根均可入药，味苦性寒，为清热、泻火、消肿等。其综合利用价值较高，值得大力推广应用。

（一）北沙柳种质资源与繁殖材料

1. 优质种质资源的选择

广泛分布于内蒙古鄂尔多斯、东阿拉善，陕西和山西北部及宁夏东部。用种应以当地种源为基础。良种基地有：甘肃灵武市国家沙生灌木良种基地，新疆生产建设兵团农八师国家沙生树种良种基地。优良品种有：‘旱沙王’北沙柳（编号：鲁 S-ETS-SP-004-2007）。

2. 插条的采集与贮藏

采集插条一般在春季北沙柳萌芽前或在秋季沙柳落叶后。采集的插条要求芽眼饱满、生长健壮、无病虫害和机械伤害，长度在1.0~2.0米之间，下端粗度（直径）0.5厘米以上。采集好的插条在背荫处进行常规沙藏。

（二）标准化育苗关键技术

北沙柳一般均采用插条育苗。关键技术要点如下。

1. 育苗地准备

选择育苗地，以背风向阳、地势平坦的砂壤土地为宜，pH 值中性，有灌溉条件。采取南北行向做畦，畦宽 80 厘米、畦背30～40 厘米、畦长 20 米，深翻后整平畦面。

2. 扦插时期与方法

扦插时期在 3 月下旬至 4 月上旬进行。先将插条进行清水冲洗浸泡（4～6 小时），再将插条剪成 10～15 厘米的插穗，插穗上端在芽上 0.5 厘米处平截、下端斜截，长度为 13～15 厘米。插前可在畦内覆盖农膜，插条斜插入畦内，上端略高于地面，插后灌水。

3. 苗期管理

北沙柳对环境条件要求不严，一般扦插后 2 周开始发芽，3～4 周开始生根。苗期可及时灌水、除草，以保证苗全、苗旺。

危害沙柳的主要病虫害有柳天蛾、柳尺蠖、柳金花虫、金龟子、柳大蚜、杨柳烂皮病。防治方法如下。

①当柳天蛾入地化蛹和幼虫进入中龄以后，人工挖蛹和捕杀幼虫，对金花虫可利用其假死性，震落捕杀。

②幼龄期，喷洒 6% 可湿性六六六或 25% 滴滴涕乳液；或 25% 滴滴涕 200 倍加 80% 敌敌畏 300 倍混合液；或 25% 敌敌畏加 40% 乐果各 200 倍混合液，消灭柳天蛾、柳尺蠖幼虫，兼杀金花虫幼虫、成虫。在 5～6 月用 50% 马拉松乳剂或 25% 亚胺硫磷各 800 倍液，喷洒金花成虫、幼虫。

③利用天敌防治保护柳尺蠖的天敌——瓢虫、白颈乌鸦、沙和尚等。

（三）苗木出圃

1. 苗木出圃标准

北沙柳适应性强，自然繁殖很快。当年生苗苗高 0.3～1 米，主根长20厘米以上，侧根完整即可出圃。

2. 起苗、包装与运输技术要点

起苗和运输过程中要保护根系完整，不失水。随起、随包装、随假植。长距离运输防止发热。

（四）育苗年周期管理工作历

北方地区北沙柳育苗管理全年工作历

技术要点	时间（月）											
	1	2	3	4	5	6	7	8	9	10	11	12
采条与制穗			○◎									○◎
整地做床（垄）				◎●								
施基肥、土壤消毒				◎●								
扦插			●	○								
播种地覆盖				●	○							
浇水			●	○◎●	○●	◎						
松土除草					●	○						
追肥				●	◎		◎					
病虫害防治							◎●	◎●				
起苗			◎							●	○	

四十九、沙拐枣

沙拐枣 *Calligonum mongolicum* L. 属蓼科沙拐枣属，别称头发草。

灌木，高可达3~4米；花两性，淡红色，通常2~3朵簇生叶腋。花期5~6月。瘦果宽椭圆形，5~7月成熟。

极耐高温、干旱和严寒。萌芽性强，被流沙埋压后，仍能由茎部发生不定根、不定芽。多生于沙地、戈壁滩、干河床以及山前砂砾地。

沙拐枣为防风固沙植物。花、果及老枝均有一定观赏价值，适宜点缀公园，也可盆栽。全株可入药。

（一）沙拐枣种质资源与繁殖材料

1. 优质种质资源的选择

沙拐枣产于准噶尔盆地、塔里木盆地四周，以及东天山山间盆地、噶顺戈壁、河西走廊、阿拉善、柴达木盆地和鄂尔多斯等地。用种应以当地种源为基础。可供应良种的基地有：甘肃灵武市国家沙生灌木良种基地，新疆生产建设兵团农八师国家沙生树种良种基地。

2. 种子采收与处理

沙拐枣于6月底7月初果熟。果翅或刺毛干燥，果皮坚硬呈木质，这是沙拐枣果实成熟的标志。果熟后容易脱落，随风飞走，应及时采集。采种时可在树上摘取，也可击落后在地上收集。

3. 插条的采集与贮藏

插条的采集分为冬天采集和春天采集。冬季将剪好的插穗用湿沙埋藏，以使插穗保水，并起到软化皮层的作用。春季在树木展叶前或秋后，采集1年生枝条（2～3年生枝条亦可），剪成长25～50厘米的插条。如在半流动沙丘上造林，插条宜稍长至50～60厘米。每30～40条捆成捆，放到清水中浸泡1～2天备用。

（二）标准化育苗关键技术

1. 播种育苗

（1）苗圃地选择　以砂土、砂壤土最好，其根系要求土壤有良好的透气性，必须排水良好，沙拐枣具有一定的耐盐碱能力，但苗圃不宜选在盐渍化过重的土地上。沙拐枣对苗圃地要求不严，只需床面平整，灌溉方便即可。

（2）种子催芽处理　隔年或多年贮藏的沙拐枣种子果皮强烈木质化，虽具芽孔，但因种子干缩，胚芽不易吸水，必须进行种子处理。如春、夏用隔年的种子育苗，可用浓硫酸处理2小时后水洗，或将种子置于挖好的坑内用水浸泡 2 ~ 3 天湿芽堆放催芽，或采用提前砂藏的办法，亦可将种子连同麻袋放置冷水中浸泡 2 ~ 3 天，然后取出放在阳光下曝晒，每日洒水 2 ~ 3 次，保持湿度。另外，可将沙拐枣种子用 40 ~ 60℃ 的温水处理 3 ~ 5 天，效果比其他方法省工，而且出苗率高，待部分种子吐白后即可播种。秋季育苗可免去处理，在上冻前直接播入圃地，播后灌足冬水，翌年春出苗。

（3）播种期　沙拐枣种子生命力强，播种季节要求不严，种子可随采随播，但以春季和秋季播种最好，春季播种当年秋季苗木即可出圃。

（4）播种　开沟条播，沟深 5 厘米，条播行距为 30 厘米左右，覆土厚度约 5 厘米。每亩播种量为 6 ~ 10 千克。用干种子播种，3 天发芽，5 ~ 7 天出齐苗。

（5）苗圃地的抚育管理　沙拐枣幼苗管理简单，在生长前期（2 ~ 3 个月内）每隔 20 ~ 30 天浇水 1 次，以后可不再浇水。灌水间隔宜长，灌水量宜小，过多过湿会引起白粉病。要及时除去杂草，防治病虫鼠害。冬、春播种苗在播种时灌足底水后，也可全年不再浇水，这样培育出来的苗木虽大小参差不齐，须根稀少，但也可用于造林。夏播育苗，由于高温、干燥，床面跑墒，如果灌水少，种子很难发芽，幼苗也常受日灼，可在播后半个月内每隔 2 ~ 3 天浇水 1 次，以后逐渐减少，约半个月或 1 个月灌水 1 次。

2. 扦插育苗技术

（1）扦插地处理　前一年秋末，在流动沙丘上设置沙障，以防止风蚀，并蓄水保墒。

（2）扦插　扦插一般在 3 ~ 5 月进行，剪取 15 ~ 20 厘米长的插穗，将插穗的下切口削成斜面，切口应平滑。翌春扦插前，将插穗在凉水中浸泡 72 小时，使其充分吸水。春季插条直接浸泡 1 ~ 2 天扦插。

(3) 扦插后管理　扦插后立即浇水，每穴内浇水 15 千克左右。扦插后 1 周，补灌 1 次，每穴浇水 10 千克左右；5 ~6 月再补灌 1 次，每穴仍浇 10 千克左右，可基本满足插穗早生根对水分的要求。

沙拐枣苗耐旱性强，育苗管理可相对粗放。沙拐枣苗易遭涝害，当灌水量较大、积水时间较长时，常发生根腐病而成片死亡，故每次灌水量宜少。

（三）苗木出圃

1. 苗木出圃标准

沙拐枣苗木生长较快，当年生苗最高可达 125 厘米，平均高 90 厘米，地径 0. 68 厘米，可出圃造林。

2. 起苗、包装与运输技术要点

根据经验，沙拐枣用 1 年生苗木出圃造林成活率较高。为了提高造林成活率，起苗时要力求保持根系较为完整，起苗时间应根据造林时间来定，一般在造林前 3 天起苗，起苗后应立即假植，防止根部失水，保证造林的成活率。

（四）育苗年周期管理工作历

北方地区沙拐枣育苗管理全年工作历

技术要点	时间（月）											
	1	2	3	4	5	6	7	8	9	10	11	12
采种与催芽						●	○					
采条与制穗			◎								○	
整地做床（垄）			●	○								
施基肥、土壤消毒			●							●		
播种				○◎						●		
扦插			◎●	○◎●	○◎							
播种地覆盖				◎●							○◎	
浇水				○●	○●	○◎				●	◎	

（续）

技术要点	时间（月）											
	1	2	3	4	5	6	7	8	9	10	11	12
松土除草					○◎	◎	◎					
追肥					◎	◎	◎					
病虫害防治					○◎							
起苗			◎							●	○	

五十、梭梭

梭梭 *Haloxylon ammodendron*（C. A. Mey.）Bunge 属藜科梭梭属，别名梭梭树、琐琐扎格（蒙语）。

大灌木或小乔木，高 1 ~ 7 米。花两性，果实自背部先端之下 1/3 处生膜质翅，翅半圆形至近圆形。花期 4 ~ 5 月，果实 10 月成熟。

梭梭是我国西北干旱荒漠地区适应性广，生长迅速，枝条稠密，根系发达，防风固沙能力强的优良树种。

梭梭材质坚硬而脆，燃烧火力极强，且少烟，号称“沙煤”，是产区的优质燃料。嫩枝是骆驼赖以度冬、春的好饲料，又为重要药材肉苁蓉的寄主，还可用来防风固沙，具有重要的经济价值。

（一）梭梭种质资源与繁殖材料

1. 优质种质资源选择

乌拉特后旗梭梭（良种编号：内蒙古 S－SB－HA－019－2011）已被内蒙古自治区审定为良种。

2. 种子采收与处理

梭梭种子具翅，一般在 10 ~ 11 月间果实由绿色变为淡黄色或褐黑色时成熟，成熟后易脱落而被风吹走，所以种子成熟后应立即采收。刚采回的种子，含水率在 30% 左右，不易进行去翅和贮藏。必须摊开晾晒，再经过揉搓、碾压、风选、筛簸，除去种翅和杂质，才能获得纯种，然后袋装贮藏。种子应贮藏于通风干燥处，经常翻动检查，防止受潮发霉，种子发芽力保存期通常为6~9个月，头年采集的种子一般于当年秋、冬或翌年春播种。

（二）标准化育苗关键技术

1. 苗圃地的选择

梭梭对土壤要求不严，育苗地以含盐量不超过1%，地下水位在1~3米的砂土和轻砂壤土最为适宜，切忌在通气不良的黏质土壤、盐渍化过重的盐碱地或排水不良的低湿洼地上育苗。一般采用平床育苗。前年做到深翻施肥，灌好冬水，床面平整，土壤细碎。

选作苗圃的砂土或轻砂壤土在播种前应浅翻细耙，除去杂草，灌足底水即可，一般不强调深翻和施底肥。但床面要力求平坦、细致。

2. 种子催芽处理

为了防止根腐病和白粉病的发生，播种前可用0.1%~0.3%的高锰酸钾或硫酸铜水溶液浸种20~30分钟后捞出晾干拌沙播种。

3. 播种季节和时间

在前年灌好冬水的床面上，趁早春抢墒顶凌播种，一般3月中旬至4月初播种，新疆南部和吐鲁番可在2月底至3月中旬，土壤白天化冻1厘米即可播种，梭梭种子发芽对地温要求低，在白天化冻，夜间又封冻的早春天气里，它能顺利发芽出土。梭梭也可进行秋播（11月初至封冻前），但应注意防止风蚀与沙埋，加强保护。

4. 播种

一般以开沟条播，条播行距2~30厘米，沟深1~5厘米，覆土1~2厘米为好。沟播后，浅耙地表，轻轻镇压。一般播种量每亩3~5千克，每亩产苗量可达6万~7万株。

5. 苗期管理

播种后，苗床要保持湿润，播后引小水缓灌，以后可酌情每隔1~2天灌溉1次，直到出齐苗，但切忌大水漫灌或苗床积水。出苗后，在整个生长季节一般不需要灌溉，在6~7月温度过高时，根据树苗长势和天气情况，可再浇水1~2次。

出苗后要及时松土、除草，保持表土疏松、通气良好、圃地无草，同时要注意防止病虫害的发生。梭梭在生长期常发生白粉病及根腐病，导致幼苗死亡。可在发病时期采用石灰硫磺合剂、粉锈灵等药液喷洒，每隔10天喷洒1次，连续3~4次即可。梭梭根腐病发生在苗期，常因苗床土壤潮湿或板结，通气不良而引起幼苗根遭到病原菌侵害，根部腐烂发黑，地上部分枯死。防治时应及时拔去死株，然后用1%~3%硫酸亚铁液或5%根腐灵液沿根浇灌，也可用5%高锰酸钾或1:1:200波尔多液喷洒。

（三）苗木出圃

1. 苗木出圃标准

梭梭1-0型播种苗出圃标准：Ⅰ级苗苗高60厘米以上，地径0.7厘米以上，根系长30厘米，>5厘米侧根数3条以上；Ⅱ级苗苗高45~60厘米，地径0.5~0.7厘米，根系长25厘米，>5厘米侧根数2条。

2. 起苗、包装与运输技术要点

梭梭通常用1年生苗木造林，即可冬季出圃也可春季出圃。由于梭梭苗木的根深而脆，容易损伤，所以在起苗时要细心，尽量使苗根不受折伤。苗木出圃起苗季节，3月中、下旬和10月上、中旬均可，可根据各地造林季节而定。需要越冬假植的幼苗，应选择土壤疏松、湿润、排水和通气良好的砂土或砂壤土，管理方便和避风的地方，根据苗木大小，挖宽40~60厘米的假植沟进行假植。

（四）育苗年周期管理工作历

北方地区梭梭育苗管理全年工作历

技术要点	1	2	3	4	5	6	7	8	9	10	11	12
	时间（月）											
采种与催芽										○◎●	○◎●	
整地做床（垄）		●								●		
施基肥、土壤消毒										●		◎●
播种		●	○◎●	○							○◎●	
播种地覆盖		●	○◎●	○							○◎●	
浇水		●	○◎●	○		○◎●	○◎●				●	
松土除草				◎●	○◎	◎	◎					
追肥							◎			◎		
病虫害防治			○◎●	◎	◎							
起苗			◎●							○◎	●	

五十一、柽柳

柽柳 *Tamarix chinensis* Lour. 属柽柳科柽柳属，别名垂丝柳、红柳、西河柳。

落叶灌木或小乔木。总状花序集生于当年生枝顶，组成圆锥状复花序；花粉红色，夏秋开花，有时一年开 3 次花。蒴果 10 月成熟，通常不结实。

喜光，耐旱、耐寒，亦较耐水湿。极耐盐碱、沙荒地，根系发达，萌生力强，不怕沙埋，极耐修剪刈割。

柽柳枝条细柔，姿态婆娑，开花颇为美观。柽柳是防风固沙的优良树种之一。柽柳还有很强的抗盐碱能力，能在含盐碱 0.5% ~1% 的盐碱地上生长，是改造盐碱地的优良树种。柽柳的老枝柔软坚韧，可以编筐。嫩枝和叶可以做药，也可用作牲畜饲料。

（一）柽柳种质资源与繁殖材料

1. 优质种质资源选择

各地已认定的柽柳优良品种有：早花柽柳（良种编号：宁 R－SV－TZ－003－2007）、多头柽柳（良种编号：宁 R－SV－TD－004－2007）、‘东柽 1 号’柽柳（良种编号：鲁 S－SV－TC－002－2005）、‘东柽 2 号’柽柳（良种编号：鲁 S－SV－TC－003－2005）、甘蒙柽柳（临夏）（甘 R－SP－TA－20－2007）。

2. 种子采收与处理

柽柳种子很小，长度仅 0.3～0.5 毫米。成熟蒴果易开裂，种子顶端有小毛，易随风飘落。当发现有少数茹果开裂或多数茹果变为黄色时，就要抓紧采集。要做到边熟边采，防止种子随风飘落。采集时选择生长健壮，花枝繁茂的植株，并要保护母株，不要折断枝条，以免影响下一年结实量。采下的果实要及时摊放在席子上晾晒，厚度 8～10 厘米，并要经常翻动。当果实开裂达到 2/3 以上时，可用柳条抽打，进行脱粒，用簸箕和筛子精选。未开裂的继续干燥，待第二次脱粒。如果第二年夏季育苗，应将处理好的种子装进袋子里，存放在干燥通风的地方。

3. 种条的采集与保存处理

4 月中旬采集 1～2 年生直径 1～2 厘米柽柳原条，剪成长 15 厘米的插穗种条，或选取粗 1～1.5 厘米、长 30～40 厘米的 1～2 年生萌芽条或苗干条作为种条，生枝条作插穗。绑扎成捆，数量为每捆 100 根，然后用 ABT 生根粉浓度为 30 毫克/千克浸泡种条下部 2 小时。

（二）标准化育苗关键技术

1. 播种育苗

（1）育苗地准备　播种前先将圃地精耕细作，即将有机肥料均匀地撒在地表，深耕 10～25 厘米，将基肥翻入土中，有机肥施入量 75～105 立方米/公顷，并根据土壤的肥力状况，施入适量的无机肥二铵225千克/公顷，尿素262.5千克/公顷，然后耙碎整平，除去杂草，适当镇压，苗床南北走向设置，苗床宽1.2米，长度依地形而定。播种前3~5天，用浓度为20~30克/升的硫酸亚铁水溶液喷洒床面，并灌足底水。

（2）播种时间　播种时间一般在4月下旬至5月上旬，气温回升之时。

（3）播种　低床或垄作，撒播。播种量2.25~3.75千克/公顷，播种前将柽柳种子与细沙土按1∶10的比例充分混合，选择无风晴朗天气进行作业。撒播的关键是使种子能够均匀地分布在床面上，然后立即覆土，覆土厚度为0.2~0.5厘米，并进行轻微的镇压。

（4）育苗地管理　垄作育苗，相邻两垄留有循环式串水口，育苗区外开挖排水沟，以保证浇水时垄内水循环流出。播种之前先进行垄内灌水，循环流淌。停水后按垄上水线对垄进行修整，保持垄面约高出水线2厘米为宜。播种时直接将种子撒于垄面，上覆细沙，以种子若隐若现为度。播种后及时浇水，前3天始终保持垄面距水面2~3厘米，3天后可浇小水，将水面降低至距垄面5~8厘米，保持长流水1周左右，以后可视垄面干湿情况确定灌溉次数，以保持垄面湿润为准。

低床育苗床面宽3~4米，中间开一条深15~20厘米、宽25~30厘米的引水沟，灌水时水从引水沟漫到床面上。多采用水面落种法。天气过热或高温地区可在播种后适当覆草，待种子发芽出土后慢慢撤去，一般种子播后8天大部分发芽出土，10天内每隔2~3天小水漫灌1次，10天后主根扎入土中0.7~1.0厘米，此后可进行大水漫灌，灌水次数逐渐减少，以后加强除草施肥。施肥应以少施、勤施为原则。

在育苗地安装微喷灌装置，可定时进行喷水，出苗期以保持土壤表层（5~10厘米）湿润为宜，苗出齐后可减少喷灌水量，以促进幼苗根系生长，待苗长至5厘米时可停止微喷灌，改用大水漫灌，以后加强松土除草、施肥即可。

幼苗初期常见病有立枯病，在幼苗出齐后，每 15 天喷药 1 次。可选用多菌灵、百菌清、代森锰锌等杀菌剂。杀虫剂有锌硫磷、氧化乐果、速灭杀丁等。

2. 扦插育苗

（1）整地做床　扦插前先将圃地精耕细作，即将有机肥料均匀地撒在地表，深耕 10～25 厘米，将基肥翻入土中，有机肥施入量 75～105 立方米/公顷，并根据土壤的肥力状况，施入适量的无机肥二铵 225 千克/公顷，尿素 262.5 千克/公顷，然后耙碎整平，拣去杂草，适当镇压，苗床南北走向设置，苗床宽 1.2 米，长度依地形而定。扦插前 3～5 天用浓度为 20～30 克/升的硫酸亚铁水溶液喷洒床面，并灌足底水。

（2）扦插　春季采用平床扦插，有条件的单位可在扦插前用 ABT 生根粉处理插穗。一般扦插深度 12～17 厘米，扦插株行距 15 厘米×40 厘米，每亩扦插约 11 000 株，扦插后浅水灌溉。发芽展叶前每隔 10 天灌溉 1 次，扦插 20 天后开始萌芽。加强圃地松土除草，7 月高生长时期可适当施用尿素和磷肥。

把浸泡过的柽柳种条按株行距 10 厘米×20 厘米扦插到已经整理好的床面上，插穗长 15 厘米，地上部分 10 厘米，地下部分 5 厘米，然后镇压，使种条与土壤紧密结合。

（3）扦插苗管理　待床面干燥时采用大水漫灌的方法，使整个床面吸纳大量水分，一般 10～15 天灌溉 1 次为宜。及时除草，以确保苗木质量。

3. 分株繁殖

柽柳一般成簇分布，1 簇柽柳大约有上百个枝条。在春天柽柳萌芽前，可将其连根刨出，1 簇柽柳可分成 10 株左右，然后重新栽植。这种方法要有一定时间的缓苗期才能正常生长。

4. 压条繁殖

选择生长健壮的植株，在枝条离地 40 厘米的近地一侧剥去树皮3～4厘米，露出形成层，然后将剥去树皮的部位置入土壤中，用带杈的木桩固定，使其与土壤紧密接触，适时浇水，5天左右即可生出不定根；10天左右，将其与母株分离、移植。

5. 苗木移植

要想培育大苗，提高造林效率，可在翌年春季进行移植。如移植的株行距保持30厘米×40厘米，上述1亩播种苗可移植76～79亩，移植后应加强水肥管理。

（三）苗木出圃

1. 苗木出圃标准

柽柳扦插苗当年生苗苗高1～1.5米，地径0.8厘米以上，可直接出圃用于造林。

1年生播种苗当年平均可达50厘米以上，可直接出圃造林。播种苗移植当年高生长可达260厘米，地径2.2厘米，冠幅97厘米，根系比插条苗发达。一般移植苗在第三年秋天可出圃造林。

2. 起苗、包装与运输技术要点

起苗时要力求保持根系较为完整，起苗时间应根据造林时间来定，一般在造林前3天起苗，起苗后应立即假植，防止根部失水，保证造林的成活率。

（四）育苗年周期管理工作历

北方地区柽柳育苗管理全年工作历

技术要点	时间（月）											
	1	2	3	4	5	6	7	8	9	10	11	12
采种与催芽							◎●	○◎				
采条与制穗				◎								
整地做床（垄）				○◎●								
施基肥、土壤消毒				○◎●								
播种				●	○							
扦插				◎●								

（续）

技术要点	时间（月）											
	1	2	3	4	5	6	7	8	9	10	11	12
播种地覆盖				●	○							
浇水				●	◎	◎	◎					
松土除草					●	●	●					
追肥				●	◎		◎					
病虫害防治					◎	◎	◎	◎				
起苗		○●										

五十二、胡杨

胡杨 *Populus euphratica* Oliv. 属杨柳科杨属，别称胡桐、异叶杨。

落叶乔木，高可达30米，胸径可达1.5米；雌雄异株，柔荑花序；果穗长6～10厘米。蒴果果长椭圆形，初被短绒毛，后光滑。一般7月中旬至8月初成熟。

耐盐碱、水湿、干旱、风沙，为荒漠地区、风沙前沿唯一天然分布的高大乔木树种。

胡杨是荒漠地区特有的珍贵森林资源。它对于稳定荒漠河流地带的生态平衡，防风固沙，调节绿洲气候和形成肥沃的森林土壤，具有十分重要的作用，是荒漠地区农牧业发展的天然屏障。同时，胡杨是较古老的树种，它对于研究亚非荒漠区气候变化、河流变迁、植物区系的演化以及古代经济、文化的发展都有重要的科学价值。

（一）胡杨种质资源与繁殖材料

1. 优质种质资源选择

新疆轮台县是新疆胡杨最优质种质的保存地区，也是良种种源供应地区。

2. 种子采收与处理

当蒴果果皮由绿变黄，果穗上有少量蒴果开裂吐絮，种子呈肉红色时，应及时采摘。果穗采回后，阴干、去杂、去绒毛。在一般贮藏条件下，胡杨种子易丧失发芽力。脱粒后种子阴干1~2天，使含水率保持在6%左右，存放于玻璃瓶中，并混入相当于种子1/4~1/2重量的干燥剂（氯化钙），用石蜡密封瓶口，放在温度9~15℃的室内或冰箱内（温度0~5℃），贮藏9个月后发芽率仅降至75%，为春播提供了可能。

（二）标准化育苗关键技术

1. 播种育苗技术

（1）育苗地的准备　胡杨苗期不耐盐，育苗地宜选在灌溉方便，弱度盐渍化的砂壤土上，并应设有防风设备，避免风沙危害。整地做床，床面力求平整、细碎、无杂草。

（2）播种期　力争早播以利幼苗安全越冬，夏播在6月上旬至7月，迟至8月播种，仔苗难以越冬。

（3）播种

①落水播种法。采用低床，灌足底水，待水落平以后，将胡杨种子混入20倍细沙均匀撒在床面，随之以细沙覆盖，以种子似露不露为度。

②渗水播种法。在垄和垄状双肩式苗床上采用，在垄沟中灌水至垄高的2/3处，使水慢慢渗透垄面，然后在垄面或垄肩上播种。每亩播种量控制在250~300克之间为宜。

（4）管理　播种后立即进行第一次灌水，以垄面或床面全部湿润为度，忌灌水过量，从而造成种子移位。播种4小时后有少量种子开始发芽，24小时后大部分种子发芽，由于多数种子呈裸露状态，所以播后10天内保持垄面或床面湿润。当根长1厘米时，每3天浇1次水；当根长2厘米时，每5天浇1次水；根长3~4厘米，垄面见白时浇水；25天后根长达5厘米以上，旱时浇水，深秋浇1次封冻水。

播种后20天，进行第一次人工拔草，拔草时防止草根带土损伤幼苗，当年拔草3~4次。

播种当年苗木锈病危害较轻，为防治锈病，播后40天喷15%的粉锈宁250倍液1次。为防治褐斑病，8~9月若连阴雨天，每7天喷1次0.8倍式波尔多液，连喷2~3次。主要害虫是金龟子幼虫、蝼蛄。除底肥中拌锌硫磷和灌底水施黑矾进行土壤消毒外，用毒饵诱杀蝼蛄成虫。胡杨幼苗当年高生长1~2厘米，地下根系生长较快，主根长达20~25厘米，最长可达30厘米。

（5）留床苗管理　在有效防治胡杨锈病的条件下，对2年生留床苗木加强水肥管理，在苗木速生期的6~7月，结合浇水，追施化肥2次。每亩施尿素20~25千克为宜，使苗木在生长期不缺水、不缺肥。

全年除草4次。5月上旬第一次手工拔草，5月下旬用小锄松土除草结合间苗，每亩留苗2.5万株左右，6月下旬、7月下旬用小锄或大锄除草各1次。

2年生胡杨极易发生锈病，一般4~5月发生，7~8月达到高峰，是胡杨毁灭性的病害。从4月份开始，每隔30天喷粉锈宁300倍液1次，7~9月份每隔25天喷250倍液粉锈宁1次，打药后如遇雨应及时补打。一旦有锈孢子发生，每天喷粉锈宁1次，连喷2次即可治愈。胡杨的褐斑病多在6月发生，7~8月达到盛期，使叶片变黑脱落或皮层腐烂变黑失去生理功能，造成苗木干枯死亡。防治时，可在早春发芽前喷2%黑矾液1次，6月起每半个月交替喷施0.6倍波尔多液和0.6%黑矾液，7~9月如雨水多，每7天喷施1次0.8倍波尔多液，雨后补施。少雨时适当减少施药次数。

2. 大苗培育

（1）换床移植　为促进2年生等外苗木达到出圃规格，可进行苗木换床移植，移植时间在4月下旬。移植床宽3~6厘米，行距30厘米，株距平均10～12厘米。移栽后从地表截干，随即灌水，6月上旬定芽，所产苗木平均高可达1米，根系发达。苗木管理同2年生苗。

（2）留床大苗培育　为满足生产上对3年生大苗的需求，可在苗木萌动前，对2年生留床苗从根部20厘米处断根，随即浇水。采用2年生苗的管理措施，可获得根系发达的3年生大苗。

（三）苗木出圃

1. 苗木出圃标准

速生丰产林培育用胡杨苗木出圃，1－0播种苗出圃规格：Ⅰ级苗苗高20厘米以上，Ⅱ级苗苗高10～20厘米；1－2型移植苗出圃规格：Ⅰ级苗苗高120厘米以上，Ⅱ级苗苗高100～120厘米。

2. 起苗、包装与运输技术要点

裸根造林起苗时要根据出圃苗木的规格保留足够的根系，防止起苗时根系出现劈裂。如有伤根，要进行修剪。苗木近距离运输可以不用包装，但运输途中要防止风吹日晒。远距离运输必须将根系用蒲包包裹，中间垫填苔藓等湿润物。

（四）育苗年周期管理工作历

北方地区胡杨育苗管理全年工作历

技术要点	时间（月）											
	1	2	3	4	5	6	7	8	9	10	11	12
采种						●	○◎●	○				
整地做床（垄）						●	○◎●	○				
施基肥、土壤消毒					●	○◎●	○◎					
播种						○◎●	○◎●	○				
播种地覆盖												
浇水						○◎●	○◎●			●	◎	
松土除草					○●	●	●	○				
追肥						◎●	○◎●					
病虫害防治				○◎●	○◎●	○◎●	○◎●	○◎●	○◎●			
起苗				●								

主要参考文献

北京林学院主编 . 1981. 造林学 . 北京：中国林业出版社 .

龚洪柱等，编著 . 1986. 盐碱地造林学 . 北京：中国林业出版社 .

国家林业局国有林场和林木种苗工作总站编 . 2002. 林木种苗行政执法手册 . 北京：中国林业出版社 .

国家林业局国有林场和林木种苗工作总站主编 . 2001. 中国木本植物种子 . 北京：中国林业出版社 .

华北树木志编写组 . 1983. 华北树木志 . 北京：中国林业出版社 .

金铁山著 . 1992. 树木苗圃学 . 哈尔滨：黑龙江科学技术出版社 .

任宪威，张玉钧等，编 . 2003. 汉拉英中国木本植物名录 . 北京：中国林业出版社 .

孙时轩主编 . 1985. 林木种苗手册（上、下册）. 北京：中国林业出版社 .

孙时轩主编 . 1992. 造林学（第 2 版）. 北京：中国林业出版社 .

孙时轩主编 . 2004. 林木育苗技术 . 北京：金盾出版社 .

王九龄主编 . 1992. 中国北方林业技术大全 . 北京：北京科学技术出版社 .

王小平著 . 2002. 白皮松生物学及种子生理生态 . 北京：中国环境科学出版社 .

中国树木志编委会 . 1978. 中国主要树种造林技术 . 北京：农业出版社 .

中国树木志编委会 . 1985—2004. 中国树木志（1 ~4 卷）. 北京：中国林业出版社 .

索　引